OISEAUX DORÉS

OU

A REFLETS MÉTALLIQUES.

TOME PREMIER.

A PARIS,

DE L'IMPRIMERIE DE CRAPELET.

AN XI.

HISTOIRE NATURELLE

ET GÉNÉRALE

DES COLIBRIS,

OISEAUX-MOUCHES,

JACAMARS ET PROMEROPS;

Par J. B. AUDEBERT et L. P. VIEILLOT.

———

A PARIS,

Chez Desray, Libraire, rue Hautefeuille, N° 36.

AN XI = 1802.

AVERTISSEMENT

DU LIBRAIRE-ÉDITEUR.

Lorsque J. B. Audebert me fit part de ses idées sur la possibilité d'imiter, par la gravure et l'impression en couleurs, les *reflets métalliques* qui brillent sur les *Colibris*, les *Oiseaux-mouches*, les *Jacamars*, les *Souï-mangas*, quelques *Promerops* et plusieurs *Oiseaux de Paradis*, je les adoptai; je partageai son enthousiasme pour une entreprise que *Buffon* [1] même avoit regardée comme impossible.

La connoissance que j'avois des rares talens de l'Auteur de l'*Histoire des Singes*, ne me laissoit pas douter qu'il ne surmontât les plus grandes difficultés. En effet, quels oiseaux en présentoient autant que ceux à *reflets métalliques?* A cet égard mon attente n'a point été trompée. J'ai lieu de croire que la perfection des figures que je publie, imposera silence à certains Naturalistes, détracteurs outrés des figures coloriées en Histoire naturelle. Les amateurs doivent aussi se défier des déclamations journalières de ceux qui affectent de

[1] *Buffon* avoue qu'il a été forcé de discontinuer d'en donner les figures, à cause de l'impossibilité de rendre le lustre et l'effet des couleurs. Leur description ne présente pas moins de difficultés; car ce n'est qu'à l'aide d'un peintre qu'on peut bien dénommer toutes les nuances changeantes de ces oiseaux. Pour bien les reconnoître d'après nos figures, il suffit de poser l'individu dans la même situation où le peintre l'a dessiné. Cette position est indiquée par les parties éclairées et ombrées de la figure : alors, soit qu'on le place en face, au-dessus ou au-dessous de l'œil, soit qu'on le tourne de diverses manières, on parviendra aisément à découvrir les couleurs sous lesquelles il a été peint.

confondre la manière d'aujourd'hui avec les mauvaises
enluminures qui l'ont précédée; genre à la vérité si dé-
testable, qu'au lieu de plumes, il ne représente sur les
oiseaux que des couleurs entassées formant des croûtes
épaisses qui s'écaillent et s'enlèvent souvent au moindre
toucher, et détruisent les effets de la gravure, dont elles
couvrent tous les travaux. De ce mauvais procédé résulte
encore un inconvénient non moins grave; c'est que dans
un tirage de cent figures, à peine obtient-on deux épreu-
ves semblables.

L'impression en couleurs, quand on ne la surcharge
pas, a le mérite d'écarter tous ces défauts, comme on
le verra par nos figures des Singes et par celles des Oiseaux. Il doit donc paroître étonnant que quelques personnes persistent encore à suivre la vieille routine, et
cherchent à déprécier des découvertes nouvelles. J'espère que nos figures des *Colibris*, *Oiseaux-mouches*,
Jacamars, *Promerops*, *Grimpereaux*, *Oiseaux de Paradis* et celles des *Singes*, convaincront entièrement les
amateurs qu'elles sont d'une telle utilité en Histoire naturelle, qu'avec elles on pourroit en quelque sorte se passer
de descriptions. Toutes les couleurs y sont parfaitement
rendues, les dimensions y sont justes et proportionnées,
les caractères scrupuleusement observés, tous objets
essentiels et trop généralement négligés dans les autres
ouvrages sur l'histoire des animaux.

Quoique Audebert ne pût se dissimuler qu'il eût sur-
passé tout ce qu'on avoit figuré avant lui en *oiseaux* et en
quadrupèdes, il ne crut point devoir publier ses ouvrages
pour son propre compte; il résista à cet égard aux con-
seils de ses amis, et aux miens en particulier. Il allé-
guoit que la direction de ces entreprises nécessite des

soins qui ne peuvent être le partage ni des Auteurs, ni des Artistes , et que ceux-ci étant privés de certaines connoissances utiles à la fabrication, il arrivoit presque toujours que leurs ouvrages manquoient d'ordre, d'ensemble, et cela faute des combinaisons et du temps qu'exige la surveillance des opérations de ce genre , pour les soutenir sur un plan uniforme jusqu'à leur fin. En effet, si l'on examine ce que l'on publie à présent, l'on verra que dans la plupart des Ouvrages, chaque livraison va en déclinant, et offre un style discordant avec celles qui les ont précédées. Alors les amateurs se dégoûtent , les entreprises languissent, et même le plus souvent, elles ne s'achèvent pas. D'après ces idées, il desira que je me chargeasse de la publication de ses ouvrages. Je confiai ce projet à différentes personnes, et particulièrement à Son Excellence M. le *Marquis de Muzquiz* , alors Ambassadeur d'Espagne près la République. Il eut la bonté de prendre le plus grand intérêt à cette entreprise. Son exemple fut suivi de plusieurs Amateurs de la Capitale, et j'obtins bientôt les mêmes faveurs dans les départemens et chez l'étranger. Jaloux de me rendre digne de cette confiance des amis des sciences et des beaux-arts, je me disposai à publier les *Oiseaux dorés* ou *à reflets métalliques* , avec la même exactitude que j'avois mise dans l'exécution de l'Histoire naturelle des *Singes,* des *Makis* et des *Galéopithèques ;* Ouvrage auquel j'étois déjà redevable de la bonne opinion qu'avoient bien voulu prendre de moi un grand nombre d'amateurs.

Après avoir préparé quelques livraisons capables de donner une idée de ce nouveau travail, j'eus l'honneur de les présenter au Citoyen Chaptal, Ministre de l'Intérieur, qui les accueillit d'une manière si encourageante, que je ne songeai plus qu'aux moyens de perfectionner la nouvelle méthode d'Audebert. Ce Ministre, ami des sciences, protecteur des arts, de l'industrie et du commerce, ne s'en tint pas envers moi aux exhortations; il m'obtint la souscription des Consuls, et m'accorda celle des bibliothèques publiques. Ces encouragemens que je n'oublierai jamais, m'étoient d'autant plus précieux, que j'avois mal mesuré toute l'étenduc de cette entreprise, et qu'ils ont puissamment contribué à la conduire à sa fin.

Les oiseaux de ces divers genres, qui étoient dans le *Museum* d'Histoire naturelle et dans les collections des Citoyens *Dufréne*, *Vieillot* et *Audebert* [1], étoient les seuls que je croyois avoir à publier. A cela se bornoit le plan conçu par l'Auteur [2]. La mort en leva cet homme si précieux pour la science, lorsqu'il finissoit la famille des *Colibris*. Il n'avoit encore que des notes et des dessins pour celle des *Oiseaux-mouches*, et des dessins seulement pour les *Souï-mangas* et les autres genres. Je me serois donc trouvé dans un grand embarras pour continuer ce qu'il avoit commencé, si Audebert ne m'avoit mis dans la confidence de toutes les opérations de sa nouvelle méthode, et si je n'avois assisté à tous ses essais. Sa mort m'a forcé de joindre à ce qui est du ressort d'un Libraire-éditeur, la direction de toutes les autres parties. J'ai eu recours au Citoyen *Vieillot* pour continuer les recherches des Oiseaux, et en faire les descriptions. Il s'en est acquitté d'une manière qui, j'espère, obtiendra l'approbation de mes Souscripteurs. Il a

---

[1] Je possède aujourd'hui la collection d'Audebert.

[2] Ces matériaux me fournissoient à peine deux petits volumes.

suivi le plan d'Audebert; en ami de la vérité, il a écarté le charlatanisme qui fait aujourd'hui le principal mérite de certains Ouvrages [1].

Les recherches du C. *Vieillot* me firent bientôt appercevoir que les collections dont je viens de parler, et que nous avions épuisées, étoient loin de compléter ces genres. Il y manquoit beaucoup d'espèces décrites par les Auteurs et les Voyageurs [2]. Je me décidai alors à remplir ces lacunes. Pour y parvenir, je fis imprimer deux listes avec les noms *latins*, *français* et *anglais*; l'une de tous les oiseaux décrits dans ces genres qui manquent dans nos collections, et l'autre de tous les individus dont je n'avois plus besoin. Ces deux listes ont été envoyées aux propriétaires de tous les cabinets français et étrangers que j'ai pu découvrir. Ce moyen m'a réussi au-delà de toute espérance; car indépendamment des oiseaux

---

[1] Je ne puis mieux lui prouver ma reconnoissance qu'en publiant son *Histoire naturelle des Oiseaux de l'Amérique*, depuis Saint-Domingue jusqu'à la baie d'Hudson, oiseaux qu'il a observés sur les lieux.

[2] La variété des teintes et des reflets a donné lieu à des méprises : d'où il est résulté que, dans plusieurs Ouvrages, le même individu avoit été décrit et quelquefois figuré sous des noms et des couleurs différentes. Ces méprises n'étoient alors que le fruit de l'erreur; mais si on en fait aujourd'hui un objet de spéculation, et que les Naturalistes ne démasquent pas cette fraude, l'Ornithologie deviendra un véritable chaos. Les soins qui ont été pris ici pour éviter des fautes aussi graves, et même pour corriger celles qui sont échappées aux Auteurs et Voyageurs anciens et modernes, rendront les *Oiseaux dorés* ou *à reflets métalliques*, précieux à ceux qui aiment l'Ornithologie; et la fidélité de nos planches assurera à cet Ouvrage la confiance des amateurs. On y trouvera figurés d'après nature soixante-douze *Colibris* et *Oiseaux-mouches*, dont dix espèces nouvelles. Il y a parmi les autres des jeunes et des femelles dont plusieurs avoient été donnés par les Auteurs pour des espèces, et beaucoup qui, avant nous, n'avoient pas encore été figurés ni décrits.

On y trouvera aussi quatre-vingt-huit *Grimpereaux*, *Souï-mangas*, *Guit-guits* et *Héoro-taires*, parmi lesquels il y a soixante-dix espèces, dont quarante-six nouvelles ou non figurées jusqu'à présent; celles de six *Jacamars*, dont trois sont nouveaux; de neuf *Promerops*, dont quatre sont nouveaux, et de quatorze *Oiseaux de Paradis*, dont cinq sont nouveaux, et trois autres n'avoient pas encore été figurés en couleur.

demandés, on m'a encore envoyé un grand nombre d'espèces nouvelles, et particulièrement de la Nouvelle-Hollande [1]. De tous les amateurs étrangers qui ont enrichi cet Ouvrage, un des principaux est M. *Parkinson*, propriétaire du *Leverian Museum*. Outre ceux qui sont dans sa nombreuse et riche collection, il m'a encore procuré les belles espèces qui sont dans le *Museum britannique*; dans les collections du Major-général *Davies* (qui a dessiné lui-même l'individu pl. 70 des *Colibris*); dans celles de MM. *Woodfort*, *Shaw*, *Thomson*, *Th. Wilson*, *Francillon*, etc.; et cela tant en *Colibris* et *Oiseaux-mouches*, qu'en *Grimpereaux*, *Héoro-taires*, *Promerops* et *Oiseaux de Paradis*. Il seroit difficile de citer un amateur plus distingué et plus zélé pour la science; je le prie d'agréer les témoignages de ma vive reconnoissance. Je dois aussi des remercîmens particuliers au C. *Bertin*, négociant à Paris, amateur distingué. C'est à lui que je dois le complément de ces ouvrages : c'est lui qui m'a obtenu l'intérêt que M. *Parkinson* a mis à seconder mes efforts. Dans ses fréquens voyages à Londres, il a porté son zèle obligeant jusqu'à visiter les propriétaires des principaux cabinets d'Angleterre. Il a sollicité et obtenu d'eux la permission de publier ce qu'ils avoient de rare ou de nouveau. Par ce moyen, mes deux volumes se sont grossis [2].

---

[1] Parmi les Oiseaux publiés ici pour la première fois, le plus curieux et le plus extraordinaire est *le Parkinson*, pl. 14, placé à la suite des Oiseaux de Paradis. Je préviens les amateurs que je le possède dans ma collection, et que j'aurai le plus grand plaisir à le leur faire voir.

[2] Si j'avois aussi composé des originaux, ou fait dessiner les mêmes individus dans des positions différentes ou avec des couleurs idéales, j'aurois pu aisément multiplier les figures. Les *Oiseaux de Paradis*, par exemple, présentent par leurs faisceaux de plumes, le champ le plus vaste à la fraude. On peut en dire autant de la manière dont ces plumes sont relevées ou étendues : la véritable n'est connue que des Indiens de l'intérieur de la Nouvelle-Guinée, lesquels n'ont aucune communication avec les

Ce ne sera peut-être pas sans intérêt que les amateurs verront réunis dans un même Ouvrage des oiseaux dessinés par les plus habiles Peintres de Paris et de Londres. Enfin je dois une partie des *Souï-mangas* les plus rares et les plus beaux au C. *Vieillot* et à son ami le docteur *Perrin* de Bordeaux, qui les a observés lui-même dans ses voyages à la côte d'*Afrique*, d'où il les a rapportés.

Si mes Souscripteurs sont satisfaits, je me trouverai suffisamment récompensé des soins que j'ai pris; mais s'ils croyoient avoir encore quelque chose à desirer, je pourrois me rendre le témoignage, que, depuis la publication de la première livraison jusqu'à ce que l'Ouvrage ait été terminé, je n'ai rien négligé pour sa perfection; que

---

étrangers. J'ai cru devoir écarter tout jeu extraordinaire de ces plumes, dont les formes sont très-favorables à des suppositions fantasques. J'ai respecté l'opinion de tous les Naturalistes ou Voyageurs français et étrangers qui avoient parlé de ces oiseaux. J'ai adopté leur manière de voir sur les proportions du corps, sur la conformation et la position des plumes qui composent les faisceaux, et j'ai sur-tout rejeté loin de moi l'idée d'offrir de ces figures bizarres et grotesques, fruits d'une imagination exaltée; enfin je n'ai pas cru qu'il me fût permis, à l'aide d'un coloris brillant, de présenter des *arabesques* pour des oiseaux peints d'après nature; d'offrir comme nouveautés des jeunes mâles, des femelles et des variétés faites en Europe. De semblables innovations sont si ridicules en Histoire naturelle, que je me croirois déshonoré si elles m'étoient dues. D'ailleurs, j'aime trop la vérité pour abuser ainsi de la bonne foi des amateurs, qui le plus souvent sont privés des occasions de vérifier sur la nature.

Il est des gens qui présentent ces *caricatures* avec tant de confiance, qui feignent si bien d'y croire, et qui disent si hardiment *j'ai vu*, qu'on seroit tenté de se laisser persuader. Après cet air d'assurance, qui oseroit les soupçonner d'en imposer, hors ceux qui connoissent le fond de leurs secrets? Je me rangerai donc de ce côté, et je garderai mon opinion jusqu'à ce qu'ils aient montré *en nature* les oiseaux extraordinaires qu'ils osent figurer sous des formes dont les Auteurs et les Voyageurs ne font aucune mention, et mon incrédulité m'empêchera du moins d'être leur dupe. Cette défiance est d'autant mieux fondée, que nous avons fait dessiner plusieurs Oiseaux de Paradis sur des individus qui n'existent en *nature* que dans le *Museum français*; cependant les figures que nous en donnons ressemblent peu à celles que d'autres ont publiées.

j'ai fait tous les sacrifices qui étoient en mon pouvoir.

La nécessité d'employer de l'or de différentes couleurs pour imiter les *reflets métalliques* qui brillent sur le plumage de la plus grande partie de ces oiseaux, m'a fait naître l'idée d'imprimer quelques exemplaires du texte avec de *l'or* au lieu d'encre. J'ai poussé ce luxe plus loin ; j'en ai fait un exemplaire *texte en or* sur *peau de vélin* pour accompagner les *dessins originaux*.

Je crois pouvoir assurer, sans craindre d'être contredit, que l'on n'a jamais apporté autant de soins à l'exécution d'aucun ouvrage de ce genre. Le goût du *vrai beau* a soutenu ma patience ; mais elle a été si souvent obligée de lutter contre tant d'obstacles, que peut-être ce travail n'aura jamais de pendant. Je sais qu'il est au-dessus de tout effort humain de parvenir à la perfection. Mais surpasser tout ce qui a précédé, et n'offrir que des défauts imperceptibles aux yeux les plus exercés, c'est en approcher autant que l'homme le peut, et peut-être pour lui est-ce la perfection même.

LISTE

LISTE DES SOUSCRIPTEURS. [1]

Les Consuls de la République.

Sa Majesté l'Empereur d'Allemagne, Roi de Bohême et de Hongrie.

Sa Majesté l'Empereur de toutes les Russies.

Sa Majesté Catholique le Roi d'Espagne.

Son Altesse Sérénissime le Prince Ferdinand-Joseph-Jean de Lorraine, Archiduc d'Autriche.

Son Altesse Sérénissime le Prince Antoine de Saxe.

Son Altesse Sérénissime le Duc régnant de Saxe-Cobourg.

Le Citoyen Chaptal, Ministre de l'Intérieur.

Le Citoyen Talleyrand-Périgord, Ministre des Relations extérieures.

Le Citoyen Camus, pour la Bibliothèque du Corps législatif.

Son Excellence M. le Marquis de Muzquiz, Ambassadeur de S. M. Catholique près la République en 1799, 1800 et 1801.

Son Excellence M. le Comte Lamberg-Speinzensteen, Chambellan de Sa Majesté Imp. R. Apost., et son Ambassadeur à Naples.

Artaria, Négociant à Manheim. 15 Exemplaires.

Barrois aîné, Libraire à Paris.

Barrois jeune, Libraire à Paris.

Baudouin (veuve), Libraire à l'Orient.

Beaujean, Négociant à Paris.

Belin, Libraire à Paris.

Bergeret, Libraire à Bordeaux.

Berthevin, Libraire à Orléans.

Bertin, Négociant à Paris.

Biebus, Négociant à Paris.

Blanchon, Libraire à Paris.

Bossange, Masson et Besson, Libraires à Paris.

Boucher, à Abbeville, membre associé de l'Institut.

Bozerian, Relieur à Paris. 2 Ex.

Brunet, Libraire à Paris.

Cassas, Artiste à Paris.

Charron, Libraire à Paris. 3 Ex.

Coppens, Professeur d'Histoire naturelle à Gand.

Daquin, Médecin à Chambéry.

Deboffe, Libraire à Londres. 14 Ex.

Deborchgrave, à Beauveling.

Debure, Libraire à Paris. 6 Ex.

Declerck, à Bergues.

Degen, Libraire a Vienne. 5 Ex.

Degoelin-Verhafghe, Imprimeur à Gand.

Déterville, Libraire à Paris.

Dufour, Libraire à Paris.

Durville, Libraire à Montpellier.

Edwards, Libraire à Londres.

Esslinger, Libraire à Francfort. 9 Ex.

Evans, Libraire à Londres. 13 Ex.

Faujas Saint-Fond, Professeur de Géologie au Muséum d'Histoire naturelle.

Ferrand, Agent de change à Paris.

Fontaine, Libraire à Manheim. 3 Ex.

Fourcroy, Conseiller d'Etat, Professeur de Chimie au Muséum d'Histoire naturelle.

Fuchs, Libraire à Paris. 6 Ex.

Garnery, Libraire à Paris.

Gay, Libraire à Paris.

Gide, Libraire à Paris.

Haly, Marchand de Musique à Copenhague.

Jacundo Ramos de Aguilera, Libraire à Madrid.

Klostermann, Libraire à Saint-Pétersbourg. 7 Ex.

Koenig, Libraire à Paris. 3 Ex.

Korn jeune, Libraire à Breslaw.

Lafite, Libraire à Bordeaux. 2 Ex.

Leblanc, Libraire à Versailles. 4 Ex.

Le Charlier, Libraire à Bruxelles.

Le Prêtre Chateau-Giron père, à Paris.

Le Prêtre Chateau-Giron fils, à Paris.

Levrault, Libraire à Paris.

Lhomme, Homme de loi, à Paris.

Marchant fils, à Chartres.

Maugé, Libraire à Paris.

Merlin, Libraire à Paris.

Mettra, Libraire à Berlin. 4 Ex.

Meuron, Professeur, Bibliothécaire à Neufchâtel en Suisse.

---

[1] Nous prions ceux de nos Souscripteurs dont les noms ne se trouvent pas compris dans cette liste, de ne pas nous soupçonner de négligence : nos correspondans ont probablement oublié de nous les envoyer.

MICHEL, Éditeur des Arbres et Arbustes de Duhamel.

OSTERVALD aîné, Négociant à Paris.

OUVRIER, Libraire à Paris. 2 Ex.

PARKINSON, Propriétaire du Leverian Muséum.

PARADIS, Libraire à Paris. 2 Ex.

PENGUEN, Négociant au Havre.

PERNIER, Libraire à Paris.

PIGAULT-MAUBEILLARCQ, Négociant à Calais. 2 Ex.

PONTET fils, à Bordeaux.

POUGENS, Libraire à Paris.

RENOUARD, Libraire à Paris.

RICHAUME, Homme de Loi, à Paris.

RISS et SAUCET, Libraires à Moscow. 4 Ex

ROUGEMONT (Charles), Banquier à Paris. 2 Ex.

ROUGEMONT (Denis), Banquier à Paris.

SANLÈQUE, Libraire à la Rochelle.

TARLIER, Libraire à Douay.

TILLIARD, Libraire à Paris.

TOCHON, Négociant au Havre. (Le C. Tochon est également souscripteur à notre Histoire naturelle des Singes, et ce n'est que par oubli que son nom n'a pas été compris dans la liste.)

TREUTTEL et WURTZ, Libraires à Paris.

VAN CLEEF, Libraire à La Haye. 11 Ex.

VAN MARUM, Secrétaire de la Société Teylerienne à Harlem.

WARÉE aîné, Libraire à Paris.

USTERY, à Berne.

ZEA, Naturaliste.

AVIS AU RELIEUR.

Le texte est généralement satiné. On aura soin de ne pas laisser battre les figures.

Les *Colibris*, *Oiseaux-mouches*, *Jacamars* et *Promerops* rangés dans cet ordre, formeront un volume.

Toutes les figures doivent être placées en regard de la première page de leur description, excepté dans les cas où les Souscripteurs préféreront qu'elles soient toutes renvoyées à la fin du volume. Alors on placera les N°s 1 à 70 des *Colibris* et *Oiseaux-mouches*, ensuite les N°s 1 à 6 des *Jacamars*, et on finira par les N°s 1 à 9 des *Promerops*.

Les *Grimpereaux* en général, suivis des *Oiseaux de Paradis*, formeront l'autre volume. On placera les figures comme on vient de l'indiquer ci-dessus.

PRÉFACE.

PRÉFACE.

Depuis long-temps je projetois de publier une Histoire
Naturelle des Colibris, accompagnée de figures ; j'avois même
dessiné quelques espèces des plus brillantes ; mais l'impossibilité de rendre les couleurs vives et métalliques de ces oiseaux
par les moyens ordinaires, je veux dire par l'enluminure et la
dorure au pinceau, m'avoit fait retarder l'exécution de ce projet. Cependant je multipliai les essais, et je fus puissamment
secondé dans mes recherches à ce sujet, par Louis Bouquet,
Professeur de Dessin.

Mais comme je dois répondre de l'exactitude des figures de
cet ouvrage, qu'elles en sont même l'unique objet, je n'ai
confié l'exécution des dessins à personne ; je les ai fait graver
par les plus habiles Artistes de Paris : et quant à l'effet principal de ces figures, je veux dire l'éclat de leurs couleurs,
cette partie étant le résultat de nos recherches, a été exécutée
par Bouquet.

Comme l'opération par laquelle l'or est appliqué sur la
gravure demande une justesse extrême, et ne peut avoir lieu
que sur un petit espace, cet inconvénient ne nous a pas
permis de placer deux figures sur la même feuille ; et c'est
pour cette raison que la première planche seule est dorée au
pinceau.

L'impression des planches présente aussi quelques difficultés : mais les talens de l'imprimeur Langlois ont triom-

phé des obstacles nombreux que nous avons éprouvés à cet
égard.

Fidèle au principe que j'ai adopté dans mon ouvrage sur les
Singes, je n'ai représenté que les oiseaux que j'ai vus en nature ;
presque tous font partie de la collection du Muséum d'Histoire
Naturelle, ou du magnifique Cabinet de mon ami DUFRESNE :
quelques-uns m'ont été communiqués par MAUGÉ, et ceux-ci
sont d'autant plus précieux, qu'ils ont été tués par ce Voyageur,
sur les lieux mêmes qu'ils habitent. On sait que MAUGÉ joint
au zèle le plus infatigable, le talent très-rare de bien observer.

J'aurai soin d'indiquer à la fin de chaque description, les
Cabinets où je puiserai, et de nommer les personnes qui
voudront bien me donner quelques notions sur l'histoire mal
connue de ces oiseaux.

Les Colibris et les Oiseaux-mouches varient tellement par
l'âge, le sexe ou d'autres causes qui nous sont inconnues, qu'il
est presqu'impossible d'affirmer, sur-tout si l'on est de bonne
foi, que certains individus qui diffèrent par le plumage, sont
ou ne sont pas de la même espèce. Il est vrai qu'on remarque
sur quelques-uns de ces oiseaux, des taches, des plumes, qui
paroissent indiquer qu'avec le temps ils seroient devenus pareils à d'autres individus, à la vérité semblables par les caractères solides, mais très-différens par le plumage. C'est ainsi,
par exemple, que le Colibri à cravate verte, si différent du
Hausse-col vert, peut être regardé comme étant de la même
espèce que ce dernier, parce qu'on remarque sur la gorge
blanche de cet oiseau, une ligne longitudinale de plumes
vertes, semblables à celles du Hausse-col vert, et que cette ligne

verte se change en noir à l'endroit même où se trouve la grande
tache noire du Hausse-col.

Ces signes peuvent bien en effet servir à reconnoître quelques
espèces; mais on sent à quel point ils sont équivoques, et
combien il seroit dangereux pour la vérité, d'entreprendre de
corriger la nomenclature actuelle à l'aide de pareils moyens.
Si nous avons la certitude que des oiseaux d'une même espèce
diffèrent souvent par le plumage, il est aussi des exemples
d'oiseaux d'espèces différentes qui se ressemblent par la taille
et les couleurs de leurs plumes. Nous avons dans nos bois
un oiseau qui, jusqu'ici, a été confondu avec le Pouillot, *Motacilla trochilus*, parce qu'en effet il lui ressemble par le plumage; mais il en diffère par le chant, le vol et les habitudes,
et sur-tout par la langue, qui est du double plus courte *. Ainsi
en rapprochant les Colibris qui se ressemblent à quelques
égards, nous ne prétendons pas donner à notre opinion, sur
l'identité de leurs espèces, aucun caractère décisif. Mais
comme notre but unique est de faire connoître les Colibris et
les Oiseaux-mouches par des figures d'une exécution nouvelle
et plus exactes que celles qu'on a données jusqu'à présent,
nous croyons ne devoir rien changer à la nomenclature; nous
conserverons les noms français de Buffon, et les noms latins
de Linnæus, en indiquant cependant les rapports que ces
oiseaux ont entre eux, et les signes qui pourroient les faire
regarder comme étant de la même espèce; autrement nous
pourrions multiplier les erreurs.

---

* J'ai fait connoître cette espèce à la Société d'Histoire Naturelle de Paris, sous le nom de
Motacilla trochiloïdes. Je n'ai pas fait imprimer ce Mémoire, parce que je ne connois ni la femelle,
ni le nid , ni les œufs de cet oiseau.

Nous redoutons moins cet inconvénient à l'égard de nos figures; elles représentent simplement ce que nous avons vu; et c'est par leur exactitude qu'il nous est permis d'espérer que cet ouvrage peut être utile à la science.

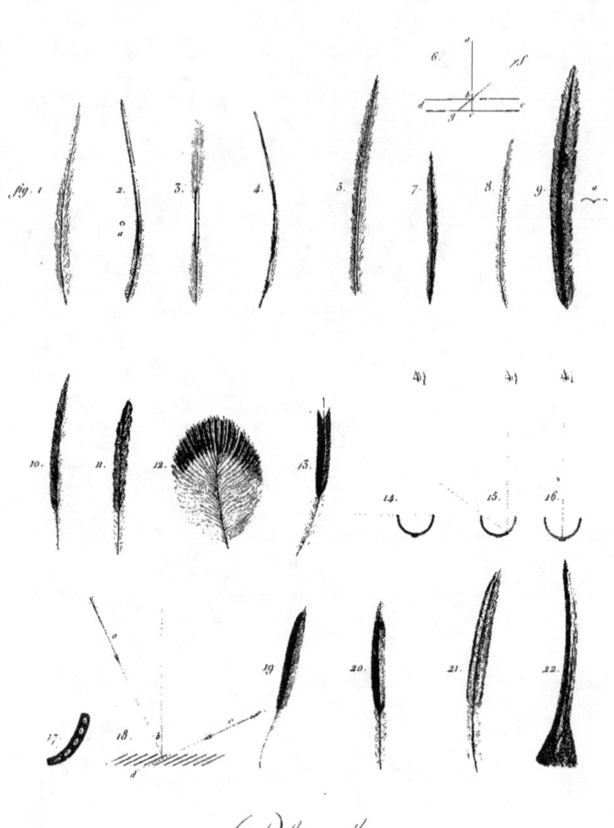

Planche I.

HISTOIRE NATURELLE

DES COLIBRIS

ET DES OISEAUX-MOUCHES.

INTRODUCTION.

Il est des animaux dont la forme et la couleur n'ont rien d'agréable à nos yeux ; il en est même dont l'existence chétive et misérable excite en nous un sentiment profond de peine et de pitié. Mais de petits oiseaux d'une forme élégante, brillans des couleurs les plus riches, et qui passent leur vie parmi les fleurs, dans un mouvement perpétuel, rappellent à notre ame des idées de richesse et de plaisir. Ce sont des êtres presque parfaits, que nous ne pouvons nous lasser d'admirer.

En effet, il semble que la nature se soit épuisée à rassembler sur les Colibris et les Oiseaux-mouches, tous les attributs de la beauté ; elle leur a donné avec profusion tout ce qui plaît, tout ce qui fait aimer ; ils sont, pour ainsi dire, un échantillon de sa puissance : l'or, le rubis, la topaze et toutes les pierres précieuses, n'ont pas un éclat plus radieux que les plumes de ces charmans oiseaux ; l'éclair seul peut nous donner une idée de la prestesse de leur mouvement et de l'éclat dont ils brillent, lorsque cherchant dans le sein des fleurs le nectar dont ils se nourrissent, ils passent d'un lieu à un autre : ce mouvement rapide est accompagné d'un bruit très-sensible, qui a fait donner à ces oiseaux, entre autres noms, celui de Frou-frou.

Ainsi que notre Sphinx, *morio*, c'est en agitant vivement leurs ailes, que

les Oiseaux-mouches restent stationnaires en présence de chaque fleur [1] :
la poussière des étamines est l'objet de leurs désirs ; ils la recueillent au
moyen de leur langue longue et bifide. Cette langue a la propriété de
s'alonger comme celle du Torcol et des Pics, et sans doute par un moyen
analogue à celui qui meut la langue de ces oiseaux.

Et comme si l'intention de la Nature en créant ces êtres privilégiés,
eut été de rassembler sous un petit volume tous les excès, elle leur a
donné des passions vives et turbulentes ; ils sont impatiens , colères
et même belliqueux. Lorsque cherchant des fleurs nouvelles ils en rencontrent de fanées, ils se dépitent, les déchirent, et dispersent au loin leurs
pétales ; ils combattent les individus de leur genre qu'ils rencontrent sur
leur passage, et l'on prétend même qu'ils osent attaquer des oiseaux plus
gros qu'eux, qu'ils les frappent, les percent de leur long bec, et les mettent
en fuite.

Buffon dit que les Oiseaux-mouches vivent solitaires, ce qui peut être
vrai à l'égard de certaines espèces ; mais Stedman nous apprend qu'il en
est qui vivent en sociétés même très-nombreuses. « Les *Oiseaux-murmures*,
» dit cet Officier, se plaçoient en tel nombre sur les tamariniers, à l'Espé-
» rance, qu'on les eût pris pour des essaims de guêpes [2] ».

Dans le temps des amours, ces petits animaux construisent un nid de la
forme et de la grosseur d'une moitié de noix : ce nid composé de la bourre
soyeuse de la thapsie, est attaché à quelque fine branche d'oranger ou de
café, et quelquefois, selon Stedman, sur une feuille d'ananas sauvage ou
d'aloès nain : il contient deux œufs blancs, de la grosseur d'un pois, que
le père et la mère couvent alternativement pendant treize jours : les petits
nouvellement éclos sont à-peu-près de la grosseur d'un taon, et la mère les
nourrit du miel qu'elle va recueillir sur les fleurs. Rien n'est égal à la vivacité de son amour pour sa progéniture : si l'on change son nid de lieu,
qu'on le place même dans une chambre, elle ne craint pas d'y porter la
becquée.

Ces beaux oiseaux sont trop délicats pour être élevés en esclavage ; ils

---

[1] Un observateur éclairé (Viellot), qui a résidé à S. Domingue pendant quelque temps, m'a dit
avoir remarqué que les oiseaux de ce genre se perchent de préférence sur des branches mortes, et
qu'ayant à dessein placé de petits morceaux de bois secs près des fleurs souvent visitées par les Colibris,
il vit ces oiseaux s'y appuyer et pomper le suc des fleurs, comme ils le font ordinairement en voltigeant.

[2] Voyage à Surinam et dans l'intérieur de la Guiane, par le capitaine J. G. Stedman, traduit par
Henri, t. 3, p. 6.

meurent entre les mains des hommes, et ceux qu'on prend adultes, expirent à l'instant même où ils sont pris.

Les Indiens leur avoient donné le nom de Cheveux du soleil ; ce nom exprime assez que l'éclat et le mouvement de ces petits oiseaux, du moins quelques espèces, produisent un effet pareil à celui de ces feux aériens qui filent dans les belles nuits d'été, et que le vulgaire appelle étoiles tombantes.

Lors de l'arrivée des Espagnols au Pérou, ces conquérans virent avec admiration des tableaux que les Indiens exécutoient avec des plumes de Colibris : tous les voyageurs s'accordent sur la beauté et la délicatesse de ces tableaux ; et en effet il ne faut pas un grand effort d'imagination pour se représenter leur éclat et leur fraîcheur.

Non-seulement le plumage des Oiseaux-mouches étincelle des couleurs les plus vives, mais encore ces couleurs ont la propriété de changer de nuance selon la direction du jour qui les éclaire. C'est ici le lieu d'examiner ces plumes, et de chercher la cause de leur éclat. Pour le faire avec quelque succès, il est bon de les comparer aux plumes d'oiseaux de différens genres.

Les couleurs qui embellissent les oiseaux en général, peuvent être divisées en plusieurs classes : elles sont ou mattes ou brillantes, changeantes ou métalliques.

Les couleurs mattes sont celles qui ne sont point susceptibles de changer de nuances par les différentes directions du jour : les barbes des plumes qui sont ainsi colorées, ont leur tige garnie de chaque côté depuis leur base jusqu'à leur extrémité, de barbules très-fines et très-déliées. (*Pl. 1, fig. 1.*) La plupart des oiseaux de notre pays nous offrent des exemples de couleurs mattes.

Les couleurs brillantes sont celles qui, sans avoir la propriété de changer de nuance, ont cependant un éclat analogue à celui des corps polis : cet éclat est dû à la forme particulière des barbes des plumes. Un grand nombre d'oiseaux ont des couleurs très-brillantes ; telles sont les plumes rouges des Pics, les plumes jaunes ou rouges des Cassiques, celles des Manakins, celles des Guit-Guits, etc. Les barbes de ces plumes (*fig. 2*) n'ont de barbules qu'à leur base, le reste est nu, cylindrique, lisse et très-poli ; mais cette forme cylindrique n'est pas complète ; vues en dessous, ces barbes sont creusées longitudinalement en gouttière. (*Voyez a , fig. 2* , qui représente la coupe d'une de ces barbes.) Cette partie lisse est une suite de la tige, et n'en diffère qu'en ce qu'elle est du double plus grosse, comme si la quantité de matière qui compose les barbules se trouvoit ici réunie à la tige pour en augmenter le volume. Cette supposition n'est pas tout-à-fait dénuée de probabilité. Si l'on examine une des plumes de la tête de notre Martin-Pêcheur , ou du petit Martin-Pêcheur aigreté d'Afrique, on trouvera que cette plume, noire depuis sa base jusqu'à son extrémité, est traversée par une tache d'un bleu-clair très-brillant , et l'on remarquera que la tige de chaque barbe (*fig. 3*) est garnie de barbules à sa base et à son extrémité, tandis que son milieu coloré est plus gros, cylindrique et dénué de barbules, ou du moins qu'elles y sont si petites, qu'elles ne peuvent être apperçues qu'à l'aide d'une forte loupe.

On trouve des barbes de plumes brillantes qui sont munies de barbules ; mais alors ces barbules sont fort courtes. Le Geai de France a sur les ailes des plumes d'un bleu très-vif ; les barbes de ces plumes (*fig. 4*) ont une tige longue, épaisse, très-lisse et colorée alternativement de blanc , de bleu et de noir ; cette tige est munie de barbules dans toute sa longueur ; mais elles sont courtes et noires, et ne peuvent être apperçues que lorsque la barbe est entièrement séparée de celles qui l'avoisinent. Il en est de même des plumes bleues du Geai de la Caroline, *Corvus cristatus*. J'ai fait la même observation sur les plumes vertes des Perroquets ; mais ici les tiges des barbes (*fig. 5*) sont séparées , et laissent voir les barbules dont elles sont munies ; quelquefois celles-ci sont colorées, mais leur couleur est si matte, qu'au lieu d'ajouter à l'éclat de la tige, elle ne sert qu'à le tempérer.

Ainsi, l'éclat des plumes brillantes est dû à la dureté et au poli des tiges de leurs barbes, et cet éclat est d'autant plus vif, que les barbules qui les accompagnent sont plus courtes. Aussi le Guit-Guit vert, *Certhia Spiza*, est-il beaucoup plus brillant que les Perroquets, parce que les plumes de cet oiseau ont des barbes absolument nues et semblables à des piquans , tandis que les barbes des plumes des Perroquets sont munies de barbules assez longues , et souvent d'une couleur obscure.

Les plumes de couleurs changeantes , non-seulement brillent par leur poli, mais encore elles ont la propriété de changer de nuance selon l'angle que décrit le rayon qui les éclaire. Le Cottinga vert à gorge violette , *Ampelis Cayana*, paroît vert de mer , lorsque l'œil se trouvant à-peu-près placé entre cet oiseau et la lumière , le rayon lumineux décrit un angle aigu ; mais il devient bleu à mesure que cet angle se rapproche de l'obtus. Cependant les barbes des plumes de ce Cottinga n'ont rien d'apparent qui puisse être regardé comme la cause de ce changement ; elles sont comme toutes les plumes brillantes, barbues à leur base, et lisses et cylindriques dans tout le reste de leur longueur. (*Fig. 2.*)

On ne peut supposer que la surface de ces barbes soit chargée d'aspérités, de particules saillantes, dont une des faces seroit bleue et l'autre verte ; s'il en étoit ainsi, on pourroit obtenir ces deux nuances en tournant l'oiseau sur lui-même, sans le changer de place ; mais au contraire dans l'une ou l'autre position, les plumes sont constamment bleues ou vertes.

Suivant la théorie de Newton, ce changement de couleur vient de ce que les barbules n'étant qu'un peu plus denses que l'air environnant, les rayons en passant de ce milieu dans les lames que l'on suppose situées à la surface des corps, n'éprouvent que peu de divergence ; et comme, selon cette théorie, la couleur d'un corps dépend du degré de ténuité de ces mêmes lames, il résulte que si le rayon abc (*fig. 6*) tombe perpendiculairement sur la lame de, l'espace bc qu'il parcourt dans cette lame étant beaucoup moins considérable que celui que parcourt le rayon oblique fbg, l'œil en partant du point a éprouvera des sensations différentes à mesure qu'il approchera du point f. Ainsi, suivant Newton, les couleurs changeantes des plumes sont le résultat de leur densité, qui se trouve, à peu de chose près, égale à celle du milieu environnant.

Cependant il est bon d'observer que si on plonge le Cottinga vert dans un milieu beaucoup plus dense, tel que l'eau, par exemple, l'effet sera absolument le même que dans l'air.

Les couleurs métalliques ont un éclat parfaitement semblable à celui des métaux. Toutes les barbes des plumes ainsi colorées, que j'ai été à même d'observer, sont munies de barbules dont l'aspect annonce la dureté. Ces barbules sont également larges dans toute leur longueur, et paroissent tronquées à leur extrémité : vues au microscope, on remarque sur leur surface une file de points très-lumineux, et qui paroissent enfoncés ; car ils sont d'autant plus brillans, que la lumière qui les frappe approche de la perpendiculaire ; et ils deviennent d'autant plus obscurs, qu'elle approche de l'horizontale. Sur l'Etourneau cuivré d'Afrique, les barbes des plumes (*fig. 7*) ont des barbules entièrement noires du côté extérieur, jusqu'aux deux tiers de la tige, en partant de la base. Les barbules du côté intérieur sont plus longues, elles sont noires vers la tige ; mais les deux tiers jusqu'à l'extrémité sont colorés d'un bleu très-foncé. Ces barbes s'imbriquent les unes sur les autres, de manière que toute la partie noire des barbules se trouve entièrement cachée.

Le Coucou doré d'Afrique, *Cuculus auratus*, a des plumes dorées sur le dos, qui sont très-brillantes ; aussi les barbes de ces plumes (*fig. 8*) ont-elles des barbules entièrement colorées. Les barbes des plumes du Paon sont aussi entièrement colorées de vert-doré ; mais ici les barbules sont convexes, de manière que la tige paroît enfoncée. (*Fig. 9* et *a* qui représente la coupe de cette barbe.) Dans le Jacamar, les barbes (*fig. 10*) sont parfaitement plates ; cependant la lumière se joue sur ces barbes de telle manière, que dans certaines positions leur tige paroît saillante, et que dans d'autres au contraire elle paroît enfoncée. Mais ceci n'est qu'une illusion, il suffit de trancher la barbe pour reconnoître la vérité. Sur le Sucrier, *Certhia Senegalensis*, les plumes dorées sont d'abord noires, il n'y a que leur extrémité qui soit colorée. Les barbes de ces plumes sont munies de barbules très-grosses, d'inégale longueur, et fortement marquées de points enfoncés. (*Fig. 11.*)

Mais quel que soit l'éclat des couleurs qui embellissent les oiseaux dont nous venons de parler, il est loin de celui qui brille sur la gorge du Rubis-topaze. Examinons en détail une des plumes de cet oiseau (*fig. 12*), et nous trouverons bientôt la cause de cet éclat éblouissant qui distingue les Colibris et les Oiseaux-mouches. A l'œil nu, cette plume a deux lignes et demie de long ; on remarque d'abord la tige qui est blanche à sa base, et plus obscure à son extrémité ; il en est de même des tiges de ses barbes, qui sont de deux sortes : celles de la base de la plume sont noires, grêles, terminées en pointe et munies dans toute leur longueur de barbules longues et très-fines. Celles de l'autre moitié sont également munies de barbules dans la partie qui avoisine la tige ; mais elles sont colorées de l'or le plus pur à leur extrémité. Cette partie colorée est très-étendue sur les barbes intermédiaires, elle l'est beaucoup moins sur les latérales, qui, en même temps, sont très-longues ; ce qui fait que le bord de l'extrémité de ces plumes décrit un demi-cercle parfait, et que lorsqu'elles sont imbriquées les unes sur les autres, elles ressemblent à des écailles de poisson. Si on détache une de ces barbes (*fig. 13*), on verra, qu'ainsi que la plume entière, elle est munie d'une longue tige, et que les barbules de sa première moitié sont longues et semblables à des poils très-déliés ; mais la partie colorée de cette barbe est bien différente : d'abord les barbules y sont beaucoup plus larges, la matière en est extrêmement dense, et par conséquent la surface d'un très-beau poli : j'ai pesé des plumes de cette

espèce, et j'ai trouvé qu'une plume de la gorge du Rubis-topaze pèse autant
que trois plumes de couleur matte d'un volume égal. Mais la principale
cause du grand éclat de ces plumes consiste en ce que la partie colorée de
chaque barbe est profondément creusée en gouttière, et présente à la
lumière une surface concave semblable à celle d'un réverbère. D'où il suit
que si le rayon lumineux coule horizontalement sur la barbe (*fig. 14*), qui
en représente la coupe, il ne peut y avoir de réflexion, et par conséquent
la gorge de l'oiseau sera obscure : si elle coule diagonalement (*fig. 15*), la
partie *a b* sera éclairée, et l'oiseau brillera ; et si elle tombe perpendiculairement (*fig. 16*), alors les rayons se brisent en cent manières dans
cette espèce de foyer, et réfléchissent une lumière éblouissante. Cette
forme des plumes du Rubis-topaze, et le jeu de la lumière qui en est le
résultat, expliquent très-bien, ce me semble, pourquoi, au moindre mouvement, la gorge de cet oiseau passe, dans un instant, de l'obscurité
à l'éclat le plus vif. Si on examine au microscope une barbule de ces
plumes (*fig. 17*), on voit sur sa surface quatre ou cinq paillettes très-
brillantes; elles m'ont paru d'or rouge dans leur milieu, et d'or vert sur
leurs bords : elles sont, ainsi que je l'ai dit plus haut, concaves, et forment
autant de petits réverbères ; les intervalles qui les séparent sont aussi
parsemés de points très-brillans. Cependant la gorge du Rubis-topaze ne
brille pas dans toutes les positions qui permettent à la lumière de frapper
l'intérieur du canal que forment les barbes de ses plumes. Si on place l'œil
entre la lumière et l'oiseau, de manière que le bec soit vu en raccourci,
la gorge brillera du plus grand éclat ; si au contraire on place l'oiseau le
ventre en haut entre l'œil et la lumière, elle sera obscure. Il me semble
que cela vient de ce que les barbules étant imbriquées les unes sur les
autres (*fig. 18*), comme on peut le voir à l'aide d'un microscope, si la
lumière vient de *a*, elle frappera sur la barbule *b*, et sera réfléchie ; et
que si elle vient de *c*, ne trouvant point de résistance, elle sera absorbée
en *d*, et il n'y aura pas de réflexion. On remarque encore un caractère
particulier aux plumes dorées des Colibris ; leurs barbes sont profondément
échancrées à leur extrémité, parce que le bout de la tige est dénué de barbules (*fig. 13*). Cette extrémité de la tige ressemble à un poil très-délié,
et se termine par un petit renflement comme les antennes des Papillons.

Cette cause de l'éclat du Rubis-topaze se retrouve sur toutes les plumes
d'un brillant excessif, telles que celles de la gorge du Grenat, du Colibri-
topaze, du Plastron noir, etc. Mais toutes ces plumes n'ont pas des barbes
échancrées à leur extrémité. Celles du Colibri-topaze, par exemple,
(*fig. 19*), sont terminées en forme de fer de lance ; on ne voit à leur
extrémité qu'une barbule qui dépasse un peu les autres ; celles de sa

femelle (*fig. 20*) sont également terminées en fer de lance , mais ses dernières barbules sont blanches , ce qui contribue beaucoup à diminuer l'éclat de la gorge de cet oiseau.

Toutes les plumes métalliques des Oiseaux-mouches ne brillent pas d'un éclat aussi radieux que celles dont nous venons de parler ; les barbes des plumes du dos de ces oiseaux (*fig. 21*) ne sont pas creusées en gouttière , elles sont plates et terminées en pointe , leurs barbules sont noires à leur base et à leur extrémité, le milieu seul est coloré ; ce qui fait que ces barbes ont de chaque côté de leur tige une ligne longitudinale dorée : aussi les plumes du dos et du ventre de ces oiseaux sont-elles d'autant moins brillantes que ces lignes sont plus étroites.

De tout ce qui vient d'être dit , il résulte que les plumes métalliques doivent leur brillant à leur densité , au poli de leur surface et à ce grand nombre de petits miroirs concaves qu'on remarque sur leurs barbules ; que les plumes très-brillantes des Oiseaux-mouches ne diffèrent des autres plumes dorées , qu'en ce que leurs barbes sont creusées longitudinalement en gouttière , et produisent un effet semblable à celui d'un réverbère.

De si beaux oiseaux n'ont pu manquer de devenir des objets de notre admiration. Les Sauvages les tuent et s'en font des pendans d'oreilles , et les Européens les recherchent comme objets de curiosité. On les chasse à la sarbacane, on les prend à la glu, ou on les abat avec de l'eau lancée contre eux au moyen d'une seringue.

Mais la Nature , en comblant ces petits animaux de tous ses dons , ne les a pas soustraits à la loi qui condamne les foibles à servir de pâture aux plus forts ; les Oiseaux-mouches sont la proie d'une énorme araignée noire , qui habite les mêmes contrées que ces jolis oiseaux.

L'Araignée aviculaire , *Aranea avicularia , Linn.* (*pl. dernière*) , construit un grand nid en forme de conque, sur les arbres, entre autres le Gayave ; elle s'y tient à l'affût des insectes : ce hideux animal enlève les petits des Colibris et des Oiseaux-mouches , et les emporte dans ses énormes pinces, pour les sucer à son aise. La force de cette araignée ne permet pas de douter qu'elle n'emporte aussi les adultes, lorsqu'elle peut les saisir, et qu'elle ne les dévore aussi bien que leurs petits.

Cette Araignée est toujours en guerre avec une espèce de Fourmi, qu'on appelle Grosse-tête ; elle est souvent dévorée elle-même par ces insectes,

qui se jettent sur elle en si grand nombre, qu'ils finissent par la mettre en
pièces.

Les Nomenclateurs ont décrit un grand nombre d'espèces d'oiseaux de
ce genre ; mais ce nombre doit être beaucoup réduit , parce que , comme
je l'ai dit, ces petits animaux changent de plumage. Dans le jeune âge, la
plupart n'ont pas ces belles plumes dorées qui les parent lorsqu'ils sont
adultes. Le Rubis-topaze , par exemple , est brun sur la tête et sur le dos ,
blanc sous la gorge quand il est jeune ; mais vieux, sa tête a l'éclat du rubis ,
et sa gorge celui de la topaze. Il en est qui ont été décrits plusieurs fois
sous des noms différens : tel est le Grenat , que Buffon et l'éditeur de Linné
Gmelin ont donné , d'après Edwards , sous le nom de Colibri à gorge de
carmin ; il est vrai que les teintes de la figure d'Edwards sont plus vives et
plus claires que celles du Grenat : mais qu'on lise la description de cet
Auteur, on reconnoîtra bientôt que c'est une faute de l'Enlumineur , et
que c'est bien le Grenat qu'Edwards a décrit. On a même donné le nom
de Colibri à des oiseaux de genres différens : tel est le Brin bleu , tiré de
l'ouvrage de Séba, qui paroît être un Sucrier, ou peut-être un Guêpier ;
car cette figure de Séba est trop mauvaise pour indiquer même un genre.
Enfin il est très-permis de soupçonner qu'on a décrit quelques espèces qui
n'existent pas : on sait avec quelle facilité les Empailleurs ajoutent des
plumes aux oiseaux qui en manquent, et combien les marchands de ce
qu'on appelle des curiosités, sont peu délicats sur les moyens de gagner de
l'argent. Je doute même que la science ait des ennemis plus dangereux
que cette sorte de gens, et peut-être qu'il est peu d'ouvrages qui ne soient
entachés des suites de leur friponnerie [1].

---

[1] Dans l'Histoire Naturelle des Quadrupèdes de Buffon, on trouve sous le nom de Tamandua , un
animal fabriqué et bien différent du Tamandua de Linné. Cette fraude de l'Empailleur a été reconnue
par le Professeur Geoffroy , qui , en examinant de près l'animal décrit par Buffon , vit qu'il étoit
composé de diverses bandes de peaux collées les unes près des autres.

CARACTÈRES GÉNÉRIQUES

DES COLIBRIS ET DES OISEAUX-MOUCHES.

La petitesse seroit le premier caractère des Colibris, s'ils n'offroient pas quelques espèces aussi grosses que des oiseaux de genres différens. Leurs véritables caractères génériques consistent en un bec fin et très-délié, dont la mandibule supérieure enveloppe l'inférieure ; en des narines longues placées sur les côtés de la base du bec (*fig. 22*), et recouvertes par une pellicule membraneuse en forme de toit ; en une langue filiforme, composée de deux petits canaux demi-cylindriques appliqués l'un contre l'autre, et qu'ils peuvent alonger à volonté ; en des pieds fort courts, munis de quatre doigts, dont trois devant et un derrière. Leurs ailes sont très-étroites, et ressemblent en cela aux ailes des Hirondelles.

On a divisé ce genre d'oiseaux en deux familles : cette division est fondée sur le bec qui est courbe dans les Colibris, et droit dans les Oiseaux-mouches ; mais il est des espèces sur lesquelles ce caractère est très-difficile à saisir.

Tous habitent l'Amérique méridionale, à l'exception de deux espèces qui voyagent dans les contrées septentrionales de ce continent.

Le Colibri-topaze mâle. Pl. 2.

LE COLIBRI-TOPAZE MALE.

PLANCHE II.

Rouge-pourpre-doré , tête noire , gorge topaze , deux plumes longues et arquées à la queue.

Le Colibri-topaze. Buff. Ois. — Le Colibri rouge à longue queue , de Surinam : Briss. Ornit. tom. 3 , p. 690. — *Trochilus pella.* Linn. *Syst. nat.* — Edw. Av. 1 , t. 32.

LE dessus de la tête et le tour des yeux de ce Colibri sont d'un beau noir de velours ; il y a sur la gorge une large plaque d'or, du plus grand éclat , et qui est susceptible de se changer en vert selon la direction du jour ; cette plaque est entourée d'un cercle de plumes noires. Le dessus , les côtés du cou et la poitrine sont d'un rouge-pourpre foncé très-brillant ; les plumes du dos et celles du ventre sont aussi rouges , mias plus dorées. Les couvertures du dessus et du dessous de la queue sont vert-doré. Les plumes latérales de la queue sont rousses , les intermédiaires noir-violet, et celles du milieu sont un peu teintes de vert ; deux de ces plumes sont longues, arquées et dépassent les autres de trois pouces. Les ailes sont brunes avec un reflet violet. Le bec est noir. Les pieds et les ongles sont blancs.

Les plumes de la gorge de cet oiseau ont des barbes creusées en gouttière et terminées en pointe mousse. Celles de la poitrine et du ventre sont moins creuses , et leurs barbules ne sont dorées que dans leur milieu. Sur le dos elles sont sillonnées, et leurs barbules sont encore moins colorées que celles du ventre.

Ce Colibri habite la Guiane , et fait partie de mon Cabinet.

LE COLIBRI-TOPAZE FEMELLE.

PLANCHE III.

Vert, gorge peu dorée, point de plumes alongées sur la queue.

Cette femelle du Colibri-topaze est entièrement d'un vert foncé sur le dos, et un peu plus clair sur le ventre ; mais souvent cette teinte n'est pas égale, un grand nombre de plumes sont d'un brun vert foncé cuivreux, ce qui fait que l'oiseau paroît alors tacheté. Comme ces taches ne sont pas symétriques, il est probable que ces individus ainsi marqués sont dans la mue.

La gorge a , ainsi que dans le mâle , une espèce de plaque , ou plutôt une tache d'or ; mais cette tache n'est ni aussi grande , ni aussi brillante , ni aussi régulière que celle du mâle : dans son plus grand éclat elle imite l'or rouge. Les ailes sont semblables à celles du mâle ; mais la queue n'est point ornée des deux longues plumes qu'on remarque sur ce dernier.

Le bec est noir et les pieds blancs.

Sur la gorge de cette femelle les barbes des plumes dorées sont terminées par une longue pointe formée de barbules blanches et mattes. Ce qui fait que sur quelques individus la tache d'or est peu sensible. J'ai dessiné ce Colibri dans le Cabinet de Dufresne.

Le Colibri-topaze femelle. pt. 5.

Le Grenat. pl. 4.

LE GRENAT.

PLANCHE IV.

Noir, gorge pourpre-brillant, ailes vertes.

Le Grenat. Buff. Ois. — Le Colibri à gorge carmin. Buff. — *Trochilus auratus.* Linn. édit.
de Gmel. — *Trochilus jugularis.* Linn. édit. de Gmel. — The red breasted humming
bird. Edwards, Glan. pl. 266.

Ce bel oiseau a quatre pouces de long depuis l'extrémité du bec jusqu'à
celle de la queue. La tête, le cou, le dos et le ventre sont d'un noir-bleu;
les couvertures du dessus et du dessous de la queue sont vert-doré très-
brillant. La gorge, le devant et les côtés du cou, jusque sur la poitrine,
sont pourpre. Les ailes vert-doré, et la queue vert-noir. Le bec et les pieds
sont noirs.

Ce Colibri habite l'Amérique méridionale, et m'a été communiqué par
Maugé.

Le Grenat est figuré dans Edwards sous le nom d'Oiseau-mouche à
gorge rouge; mais cette figure est trop claire et trop brillante, et c'est à
ce défaut qu'il faut attribuer l'erreur de Buffon, qui a donné pour
dixième espèce, la description de cette image, sous le nom de Colibri à
gorge carmin; mais la description d'Edwards s'accorde trop bien avec
notre Grenat pour qu'on puisse s'y méprendre.

LE COLIBRI A VENTRE CENDRÉ.

PLANCHE V.

Vert brillant en dessus, cendré en dessous; mandibule supérieure du bec noire, l'inférieure brune; queue arrondie.

Trochilus cinereus. Linn. édit. de Gmel.

Cet oiseau a cinq pouces six lignes depuis l'extrémité du bec jusqu'à celle de la queue. Le dessus de la tête, le dos, le croupion et la base des ailes, sont couverts de plumes vert-doré; la gorge, la poitrine et le ventre sont gris-cendré très-pur. Il y a à l'angle postérieur de l'œil une petite tache blanche.

Les ailes sont noirâtres avec un reflet violet. La queue est arrondie, les plumes latérales étant plus courtes que celles du milieu; les intermédiaires sont entièrement vert-foncé; les deux suivantes vertes à leur première moitié, noir-bleuâtre à leur extrémité, qui se termine par quelques barbes blanches; les deux tiers des six plumes latérales sont noir brillant; l'extrémité est blanche.

Le bec de ce Colibri a treize lignes de long; la mandibule supérieure est noire; l'inférieure est brune, plus claire vers les bords dans son milieu. Les pieds et les ongles sont noirs.

Les barbes des plumes dorées de cet oiseau, ont leur tige, leurs bords et leurs extrémités obscurs, leurs barbules n'étant vertes et brillantes que dans leur milieu.

Ce Colibri habite l'Amérique méridionale, et fait partie du Cabinet de Dufresne.

Le Colibri à ventre cendré. *pl. 5.*

Le Vert et Noir. pl. 6.

LE VERT ET NOIR.

PLANCHE VI.

Cou vert, ventre noir, tache bleue sur la poitrine.

Le Vert et Noir. Buff. Ois. — *Trochilus holosericeus.* Linn. édit. de Gmel. — Le Colibri du Mexique. Briss. Ornit. tom. 3, p. 676, pl. xxxv, fig. 2.

CE Colibri a quatre pouces depuis l'extrémité du bec jusqu'à celle de la queue. Le dessus de la tête, du cou, du dos et les couvertures des ailes sont d'un vert-doré ; mais les plumes du croupion et les couvertures de la queue sont d'un vert-bleu très-brillant ; sur la poitrine se trouve une grande tache du plus beau bleu, et qui se change en violet selon la direction du jour. Le ventre est noir ; mais en tournant l'oiseau, les plumes de cet endroit paroissent nuancées de vert-bronzé obscur, mêlé de rouge-cuivreux. Les plumes qui entourent l'anus sont blanches ; on trouve également deux petites touffes de plumes blanches sur les côtés du ventre. Les couvertures du dessous de la queue sont d'un bleu aussi vif que celles de la tache qui se voit sur la poitrine. La queue est d'un noir-violet ; les ailes sont brunes, le bec et les pieds noirs.

Ce beau Colibri a été tué et rapporté de Porto-Ricco par Maugé, qui a bien voulu me permettre d'en faire la description et le dessin.

LE PLASTRON NOIR.

PLANCHE VII.

Vert, gosier, poitrine et ventre noirs ; côté du cou bleu.

Le Plastron noir. Buff. Ois. — *Trochilus mango*, Linn. — Le Colibri de la Jamaïque. Briss. Ornit. t. 3, p. 679, pl. xxxv, fig. 1.

PLUSIEURS oiseaux ont des rapports avec le Plastron noir ; mais c'est au Colibri représenté sur la planche 7, qu'on a donné ce nom. Celui-ci est remarquable par une tache noire longitudinale qui s'étend depuis le dessous du menton jusque sous le ventre. Tout le dessus du corps est vert-doré ; les côtés du cou sont bleus, ainsi que le dessous des ailes. Les couvertures inférieures de la queue sont d'un blanc-sale ; les pennes de celle-ci sont de longueur égale, et de couleur roux-violet. Les ailes sont d'un noir-violet. Le bec et les pieds noirs.

Ce bel oiseau habite l'Amérique méridionale, et fait partie du Muséum Français.

Le Plastron noir. Pl. 7.

Le Colibri à ventre piqueté. _Pl. 8._

LE COLIBRI A VENTRE PIQUETÉ.

PLANCHE VIII.

Vert en-dessus , brun piqueté de blanc en dessous.

Trochilus punctatus.

LE plumage varié et peu brillant de cet oiseau, semble indiquer une femelle ou un jeune ; mais il n'est pas facile de déterminer l'espèce à laquelle on doit le rapporter , et si je place sa figure à la suite de celle du Plastron noir, ce n'est pas que je prétende la donner pour la femelle , ou pour une variété de ce Colibri , mais seulement parce que sa physionomie et la forme de son bec , le rapproche plus de cette espèce que d'aucune autre.

Ce Colibri rappelle le *Trochilus punctulatus* de Linn. (édition de Gmelin) ou le Zitzil de Buffon ; mais le *Punctulatus* est un oiseau de cinq pouces et demi, ou même six pouces de long, et notre Colibri à ventre piqueté n'a guère que quatre pouces depuis l'extrémité du bec jusqu'à celle de la queue. D'ailleurs il n'y a que la gorge et le ventre de cet oiseau qui soient piquetés de blanc, au lieu que sur le Zitzil on remarque des points blancs sur les couvertures des ailes et même sur le dos.

Le Colibri à ventre piqueté a le dessus de la tête et du cou , le dos , le croupion et les couvertures des ailes, d'un vert-doré : les deux pennes du milieu de la queue sont aussi vertes ; mais les latérales sont noires , terminées de blanc , leur bord extérieur est blanc depuis l'origine de la queue jusqu'aux deux tiers seulement. Ce qui fait que lorsque la queue est serrée , les pennes latérales paroissent blanches avec une large tache noire un peu avant l'extrémité. Les ailes sont d'un brun-noirâtre avec un reflet violet.

En dessous, cet oiseau est d'un gris-brun clair sur la gorge , plus foncé sur la poitrine. Les plumes de la gorge sont grises, bordées de brun, et celles de la poitrine et du ventre sont brunes bordées de blanc. Ce qui fait que tout le dessous de cet oiseau paroît piqueté.

Le bec et les pieds sont noirâtres.

Cet oiseau fait partie de la collection du Muséum Français.

Le Hausse-col vert. pl. 9.

LE HAUSSE-COL VERT.

PLANCHE IX.

Bec long de la moitié du corps.

Vert-brun, peu doré en dessus, gorge d'un vert éclatant, poitrine noire, queue arrondie à son extrémité.

Le Hausse-col vert. Buff. Ois. — *Trochilus gramineus.* Lin. *Syst. nat.* édit. de Gmel.

Le Hausse-col vert est remarquable par la tache noire qu'il a sur la poitrine, et par sa gorge d'un vert-foncé très-pur et très-éclatant. Mais il paroît qu'il y a des variétés dans cette espèce, auxquelles on a donné des noms particuliers; du moins les deux suivans sont si semblables à celui-ci par les parties solides, qu'on pourroit les regarder comme ne formant qu'une seule et même espèce. Cependant l'expérience nous a appris à nous défier de ces ressemblances, et pour ne point augmenter le nombre des erreurs, nous croyons, en rapprochant les Colibris qui se ressemblent à certains égards, devoir leur conserver les noms sous lesquels ils sont déjà connus.

Le Hausse-col vert habite les îles de l'Amérique Septentrionale; il a été observé à S. Domingue par Vieillot, qui a eu la bonté de me prêter la partie de son Journal où il est question des oiseaux de ce genre. « Ce » Colibri, dit cet excellent observateur, se plaît près des habitations, d'où » il ne s'écarte guère tant qu'il y trouve des arbres en fleurs : lorsqu'il se » perche, c'est plus volontiers sur une branche sèche et isolée, où souvent » il étend sa queue en demi-cercle. Je ne l'ai jamais entendu chanter; » mais quand il vole, sur-tout dans la saison des amours, il jette un cri » continuel qui le fait reconnoître, même sans qu'on le voie. Ce petit » oiseau en souffre difficilement d'autres sur l'arbre où il a placé son nid; » j'ai vu un Moqueur être obligé de céder à ses poursuites. C'est en voltigeant sans cesse autour de lui, et en présentant continuellement son bec » aux yeux de son antagoniste, qu'il le force de prendre la fuite ».

» J'ai un nid de Hausse-col vert, bâti sur une branche de cotonnier
» de Siam, plus grosse que le pouce ; le lichen qui en couvre l'extérieur
» est de la même espèce que celui de l'arbre. Il y avoit deux petits dans
» ce nid , dont la gorge , la poitrine et le ventre étoient bruns sans
» reflets. Dans quelques-uns les deux parties latérales de la queue sont
» blanches à leur sommet. Je n'ai point trouvé de différence entre le mâle
» et la femelle ».

Le Hausse-col vert a le dessus du corps vert obscur et peu doré, la
queue est violette, les ailes sont comme dans presque tous les oiseaux de
ce genre, d'un noir violet ; le menton , la gorge et les côtés du cou sont
d'un vert foncé très-pur et très-brillant ; sur la poitrine on remarque une
grande tache d'un noir de velours, les côtés du corps et le ventre sont d'un
vert noir un peu doré. (Quelques individus ont le ventre blanc.)

Le bec est très-long, un peu arqué ; il est noir ainsi que les pieds. Il m'a
été communiqué par Dufresne.

Le *Trochilus dominicus* , *Syst. nat.* édit. de Gmelin, n'est-il point un
jeune de cette espèce ?

Le Colibri à cravate verte. Pl. 10.

LE COLIBRI A CRAVATE VERTE.

PLANCHE X.

Bec long comme la moitié du corps.

Vert-brun doré en dessus ; gorge verte , côtés du cou blancs , poitrine noire , queue arrondie.

Le Colibri à cravate verte. Buff. Ois. — *Trochilus maculatus.* Linn. *Syst. nat.* édit. de Gmelin.

Cet oiseau peut être regardé comme une variété du précédent, il lui ressemble par la grandeur et par le bec , et même par la distribution des couleurs. Il n'en diffère que par cette grande tache blanche qu'on remarque de chaque côté du cou ; mais comme cette tache est coupée par quelques plumes vertes, on peut soupçonner, qu'avec le temps , cette partie se couvre entièrement de plumes vertes comme dans l'espèce précédente.

Le Colibri à cravate verte a le dessus du corps d'un vert obscur doré ; la queue vue en dessous est violette jusqu'aux deux tiers de sa longueur ; le reste est noirâtre. Sur la gorge de cet oiseau on remarque une ligne longitudinale d'un beau vert foncé et très-brillant qui , depuis le menton , descend en s'élargissant jusque sur la poitrine. Les côtés du cou sont blancs mêlés de roux ; il y a sur cette partie blanche quelques plumes vertes semblables à celles de la gorge. La poitrine est noire , les côtés du corps sont d'un vert noir peu doré ; le ventre est tacheté de noir et de blanc.

Le bec est long , arqué , noir ainsi que les pieds.

J'ai vu un grand nombre d'individus semblables à celui-ci , et qui ne diffèrent entr'eux que par le plus ou le moins de roux mélangé dans le blanc des côtés du cou.

Cet oiseau est du cabinet de Dufresne.

Le Colibri à queue violette. pl. 11.

LE COLIBRI A QUEUE VIOLETTE.

PLANCHE XI.

Bec de la longueur de la moitié du corps.

Vert en dessus, blanc tacheté de noir et de vert en dessous; queue violette, terminée de blanc, arrondie à son extrémité.

Le Colibri à queue violette. Buff. Ois. — *Trochilus albus. Syst. nat.* édit. de Gmelin.

CELUI-CI se rapproche encore du Hausse-col vert, par la grandeur et par le bec; mais il s'en éloigne beaucoup par le plumage; au lieu de cette espèce de cravate verte qu'on remarque sur le précédent, il n'a qu'une ligne longitudinale très-grêle, inégale, noire et mélangée de quelques plumes vertes; mais ces plumes ne se trouvent que sur la gorge; la portion de la ligne qui passe sur la poitrine est absolument noire, ce qui semble indiquer encore quelques rapports avec le Hausse-col vert. Les amateurs de conjectures pourroient même regarder le Colibri à queue violette comme la femelle de cet oiseau; mais outre que des conjectures ne sont rien, sur-tout à l'égard de ces petits animaux qui varient presqu'à l'infini, nous avons vu que Vieillot n'a remarqué aucune différence entre le mâle et la femelle du Hausse-col vert.

Ainsi, à l'exemple de Buffon et de Linné, nous laisserons le Colibri à queue violette isolé, et nous le considérerons comme une espèce particulière, jusqu'à ce qu'on ait acquis la certitude du contraire.

J'ai vu un grand nombre d'oiseaux de cette espèce; ils se ressemblent tous, à l'exception de quelques petites différences peu importantes, et il est bon d'observer ici que les descriptions de Colibris et d'Oiseaux-mouches, qu'ont données les différens Ornithologistes, ne s'accordent presque jamais parfaitement avec les individus qu'on a sous la main, tant les variétés en sont multipliées.

Nous nous sommes bien gardés de donner toutes ces variétés, ces prétendus passages par lesquels on voudroit prouver l'identité d'espèce entre deux individus très-éloignés par le plumage : nous croyons que des connoissances certaines , à cet égard , ne peuvent être que le résultat d'observations très-longues, faites dans les lieux même qu'habitent ces oiseaux ; et comment peut-on décider d'une manière affirmative sur des oiseaux étrangers, tandis que ceux qui vivent pour ainsi dire parmi nous, sont si peu connus [1] ?

Le Colibri à queue violette a le dessus du corps d'un vert-doré ; les deux pennes du milieu de sa queue sont entièrement d'un brun-verdâtre doré ; les latérales sont violettes, avec leur bord extérieur bleu , qui s'élargit en approchant de l'extrémité qui est blanche. Sa gorge est de même couleur , et on remarque dans son milieu une ligne longitudinale noire, inégale , mélangée de plumes vertes très-brillantes. Sur la poitrine cette ligne est moins vive et se change en taches grises en approchant du ventre. Les côtés du cou sont nuancés d'un beau vert.

Le bec est long , arqué , et noir ainsi que les pieds.

Il m'a été communiqué par Dufresne.

---

[1] Particulièrement les genres *Falco* et *Motacilla*.

Le Hausse-col doré mâle. *pl. 12.*

LE HAUSSE-COL DORÉ MALE.

PLANCHE XII.

Bec plus court que la moitié du corps, gorge vert-doré , poitrine noire, queue arrondie.

Trochilus aurulentus.

Cet oiseau n'a pas été décrit, parce que sans doute il a été confondu avec le Hausse-col vert ; en effet la distribution des couleurs du plumage est à-peu-près la même sur l'une et l'autre espèce ; mais le Hausse-col doré est plus petit, son bec relativement à sa grandeur est aussi plus court, et les teintes des couleurs sont différentes. Sur le Hausse-col vert la gorge est d'un vert foncé très-pur et très-brillant ; sur celui-ci la même partie est constamment d'un vert plus jaune et plus doré, la tache noire de la poitrine est aussi plus large.

Cet oiseau n'est point dans le jeune âge ; il a été rapporté de l'île de Porto-Rico, par Maugé. Cet observateur a vu les Hausse-col dorés dans le temps des amours, et il les a tués souvent sur les bords de leur nid. Et ce qui prouve que cet oiseau est bien d'une espèce particulière, c'est que la femelle figurée sur la planche suivante est très-différente du mâle, tandis que dans l'espèce du Hausse-col vert les deux sexes sont parfaitement semblables, comme nous l'avons vu par la note de Vieillot ; d'ailleurs Maugé n'a pas vu un seul Hausse-col vert dans toute l'île de Porto-Rico.

Le Hausse-col doré a le dessus de la tête et du cou, le dos et le croupion d'un vert obscur doré ; les couvertures supérieures de la queue sont vertes, les pennes intermédiaires sont d'un brun-verdâtre , les latérales sont violettes terminées de bleu. Toute la gorge de ce Colibri est d'un beau vert-doré, et l'on apperçoit sur les côtés du cou un léger reflet bleu. La poitrine est noire. Cette couleur s'étend jusque sous le ventre, où elle prend une couleur brunâtre. Les côtés du corps sont mélangés de vert et d'or.

Le bec de cet oiseau est plus court que celui du Hausse-col vert ; il est noir ainsi que les pieds.

Il m'a été communiqué par Maugé, et fait partie de la collection du Muséum.

Le Hausse-col doré femelle . 2...

LE HAUSSE-COL DORÉ FEMELLE.

PLANCHE XIII.

Brun-verdâtre en dessus, gris en dessous.

Le dessus de la tête de cette femelle est brun, le cou, le dos, le croupion et les deux pennes intermédiaires de la queue sont d'un brun-vert peu doré. Les pennes latérales de cette dernière, sont roussâtres obscur dans leur première moitié, le reste est d'un noir-violet terminé de blanc. Le dessous du bec, la gorge et la poitrine sont d'un gris sale, qui s'obscurcit en approchant du ventre. Le bec et les pieds sont noirs.

Cet oiseau a été tué par Maugé à Porto-Rico.

LE HAUSSE-COL A QUEUE FOURCHUE.

PLANCHE XIV.

Vert, poitrine noire, queue fourchue, pieds blancs.

Trochilus elegans.

On trouve encore la tache noire sur la poitrine de cet oiseau ; mais il diffère du précédent par sa queue qui est très-fourchue, et par ses pieds qui sont blancs.

Cet oiseau habite S. Domingue, et a été observé par Vieillot. « Ce » Colibri se trouve rarement, dit Vieillot, près des habitations, mais » souvent sur la lisière des grands bois, s'y perche de préférence à la cime » des arbres, et y fait entendre un chant qui a du rapport avec celui du » petit Oiseau-mouche. Ce bel oiseau est rare, et je ne me suis procuré » que deux mâles, lorsqu'ils voltigeoient autour d'un arbrisseau (le coton- » nier), dont ils suçoient les fleurs...... Je ne connois pas la femelle. Je » crois que le jeune de cette espèce porte le plumage décrit ci-après..... » La gorge et le cou d'un gris-blanc-sale, la poitrine et le ventre d'un » gris-brun, les ailes et la queue sont d'un brun foncé sans reflets, cette » dernière est un peu fourchue ; quelques-uns varioient, ayant la poitrine » et le ventre d'un gris-blanc ; sur tous, la partie supérieure du corps » est vert-doré.

» Comme le plumage de ces jeunes oiseaux a beaucoup de rapport avec » celui des jeunes Hausse-col verts, il seroit facile de les confondre ; mais » j'ai jugé que ces jeunes Colibris devoient appartenir à celui-ci, parce » qu'ils ont comme lui le bec court et la queue fourchue. Ce qu'il y a de » certain, c'est que ceux dont je donne la description étoient jeunes, » parce que dans le temps où je les ai observés, les femelles des autres » oiseaux de ce genre avoient la peau du ventre ridée et l'ovaire formé, » et c'est ce signe qui a fixé mon opinion sur leur âge ».

Le Hausse-col à queue fourchue. Pl. 14.

Le Hausse-col à queue fourchue est vert en dessus ; la queue est d'un noir-vert et fourchue ; la gorge, les côtés du cou et les côtés du corps sont d'un beau vert très-brillant. Il y a sur la poitrine une tache d'un noir de velours, et qui s'étend jusque sous le ventre. Le bec est plus court que celui du Colibri à queue violette, et a sa mandibule inférieure blanche jusqu'aux deux tiers. Les pieds et les ongles sont blancs.

Il habite S. Domingue, et m'a été communiqué par Vieillot.

LE COLIBRI VERT.

PLANCHE XV.

Corps vert, queue bleue.

Trochilus viridis.

Ce Colibri est entièrement vert, à l'exception des ailes qui sont noirâtres, et de la queue qui est bleue. Les plumes qui entourent le bec sont un peu plus obscures que celles qui couvrent le reste du corps. La queue est bleue, mais les huit pennes latérales ont leur fine extrémité terminée de blanc. Le bec et les pieds sont noirs.

Cet oiseau habite les îles de l'Amérique Septentrionale. Il en a été rapporté par Maugé, qui a bien voulu me le prêter pour en faire la description et la figure.

Le Colibri vert. Pl. 15.

Le Plastron blanc. Pl. 16.

LE PLASTRON BLANC.

PLANCHE XVI.

Vert en dessus , gris-blanc en dessous.

Le Plastron blanc. Buff. Ois. — *Trochilus magoritaceus.* Linn. *Syst. nat.* édit. de Gmelin.

Il paroît que ce Colibri est une femelle , mais j'ignore à quelle espèce elle appartient ; cependant c'est avec le précédent qu'elle a le plus de rapport ; elle en a aussi avec le Plastron noir , et même avec le vert et noir. Cet oiseau a été tué par Maugé dans le temps de la ponte , à Porto-Rico, ce qui prouve qu'il est adulte. Je fais cette remarque, parce que le plumage de ce Colibri s'accorde assez bien avec la description des jeunes oiseaux dont parle Vieillot, dans les notes que j'ai citées, et qui , dit-il , diffèrent des jeunes Hausse-col verts , en ce qu'ils ont le bec court et la queue fourchue. (Voyez l'article du Hausse-col à queue fourchue.) Or comme celui-ci a le bec long et la queue arrondie , il s'ensuit qu'on pourroit le regarder comme un jeune Hausse-col vert ; mais le Hausse-col vert est de S. Domingue , et celui-ci de Porto-Rico ; et nous avons vu que Maugé , dans ses recherches , n'y a point vu de Hausse-col vert : ainsi je laisserai à cet oiseau le nom de Plastron blanc , jusqu'à ce qu'on sache d'une manière certaine à quelle espèce il appartient.

Le Plastron blanc a tout le dessus du corps vert-doré , les deux pennes intermédiaires de la queue sont entièrement vertes , les latérales sont terminées de blanc. La plus externe est bleue.

En dessous, cet oiseau a la gorge d'un blanc d'autant plus sale, qu'il approche de la poitrine; celle-ci, ainsi que le ventre, est grise.

Le bec est long, arqué, noir ainsi que les pieds.

Il m'a été communiqué par Maugé.

Le Brin blanc mâle . pl. 7.

LE BRIN BLANC MALE.

PLANCHE XVII.

Bec très-long.

Vert-olive en dessus, gris en dessous, les deux pennes intermédiaires de la queue longues blanches et grêles à leur extrémité.

Le Brin blanc. Buff. Ois. — *Trochilus superciliosus.* Linn. *Syst. nat.* édit. de Gmelin. Le Colibri à longue queue de Cayenne. Briss. Ornit. t. 3, p. 686.

Le Brin blanc a sept pouces depuis l'extrémité du bec jusqu'à celle de la queue ; cependant ce Colibri n'est pas beaucoup plus gros que le Hausse-col à queue fourchue, son bec arqué est presqu'aussi long que le corps et la tête pris ensemble ; sa queue composée de dix pennes, comme tous les oiseaux de ce genre, est fort longue, parce que les deux pennes du milieu dépassent les autres de plus d'un pouce.

Tout le dessus du corps de cet oiseau est vert-olive doré ; la queue est de la même couleur, mais les deux pennes intermédiaires sont vertes à leur base, d'un vert-brun dans leur milieu, et blanches à leur extrémité ; c'est cette partie blanche qui dépasse les autres pennes. Celles-ci sont d'un brun-vert, et leur extrémité est d'un blanc presque jaune. On remarque dessus et dessous l'œil de cet oiseau, deux traits blancs, celui de dessous est le plus grand. Il y a sur le menton une couleur noire qui se change insensiblement en gris sur la gorge, la poitrine et le ventre. Le bec, les pieds et les ailes sont noirâtres.

Ce Colibri habite la Guiane, et m'a été communiqué par Dufresne.

LE BRIN BLANC FEMELLE.

PLANCHE XVIII.

Bec peu alongé.

Vert-olive en dessus, gris-roux en dessous, pennes de la queue égales, pieds noirs.

Cet oiseau ne diffère du précédent que par le bec, qui est plus court, et par la queue qui manque des deux longues plumes, qui forment le caractère distinctif du mâle; du reste, il a comme lui le dessus du corps d'un vert-olive doré; les pennes de la queue d'un vert-olive, terminées de blanc, et d'autant plus courtes qu'elles sont plus externes. Tout le dessous du corps est d'un gris-roux, il a près de l'œil un trait blanchâtre. Le bec et les pieds sont noirs.

J'ai vu plusieurs femelles de cette espèce, quelques-unes ont le bec plus long et plus arqué, avec la mandibule inférieure plus ou moins blanche; certains individus ont la poitrine d'un roux clair, le ventre presque blanc, et ils ont aussi les plumes du dos bordées de brun. Je n'ai pas cru devoir figurer ces différentes variétés, qui, comme on le voit, sont très-peu importantes.

Cette femelle et ses variétés sont au Muséum Français.

Les jeunes mâles ne diffèrent des adultes, qu'en ce qu'ils ont la mandibule inférieure du bec blanche, la poitrine rousse, les pieds d'un brun clair, et la queue blanche, à l'exception des deux plumes intermédiaires qui, comme dans l'adulte, sont vertes, brunes et blanches, mais elles sont plus courtes et ne dépassent la queue que d'un demi-pouce.

Le Brin blanc femelle. pl. 18.

Le Brin-blanc, Jeune âge. Pl. 19.

LE BRIN BLANC JEUNE AGE.

PLANCHE XIX.

Vert-brun en dessus , jaune-gris en dessous , pieds blancs.

Le Colibri à ventre roussâtre. Buff. Ois. — *Trochilus thaumantias.* Linn. *Syst. nat.* édit.
de Gmelin. — Le Colibri du Brésil. Briss. Ornit. t. 3 , p. 670.

A l'exception des pieds qui sont blanchâtres, ce petit Colibri ressemble
beaucoup à un jeune Brin blanc. Il a , comme ce dernier , le trait sous
l'œil , et deux plumes blanches qui dépassent un peu la queue ; et quoique
Brisson et Buffon aient donné ce petit oiseau pour une espèce particulière , on ne peut s'empêcher de reconnoître sur l'individu dont je donne
ici la figure, tous les caractères du Brin blanc. D'ailleurs cette différence
dans la couleur des pieds n'est point un caractère constant, j'ai vu des
jeunes oiseaux de cette espèce, mais plus grands que celui-ci, qui avoient
les pieds d'un brun-jaunâtre.

Le jeune Brin blanc a le dessus du corps d'un vert-olive doré , sa queue est
de cette même couleur, à l'exception des deux pennes qui sont terminées
de blanc et qui dépassent un peu les autres ; tout le dessous du corps est
d'un jaune-gris. On remarque au coin de l'œil un trait noir , et au-dessous
un trait blanc. Le bec est long, arqué, avec la mandibule inférieure
blanche dans sa première moitié. Les pieds sont blancs.

Il est au Muséum Français.

LE COLIBRI A PIEDS VÉTUS.

P L A N C H E   X X.

Bec alongé, dos vert, ventre roux, pieds blancs.

Trochilus hirsutus. Linn. *Syst. nat.* édit. de Gmelin.

Ce Colibri a beaucoup de rapport avec la femelle du Brin blanc ; mais il en diffère par le bec qui est beaucoup plus long, et par les pieds qui sont blancs. On a donné à cet oiseau le nom de Colibri à pieds vêtus, parce qu'il a ces parties couvertes d'un duvet blanc et très-fin ; celui-ci est la variété de l'*Hirsutus*, du *Systema* de Gmelin. Sur l'individu que j'ai décrit et dessiné, les pieds étoient presque nus et entièrement blancs ; en quoi il diffère du Colibri de cet auteur qui, dit-il, a les doigts et les ongles noirs.

Le Colibri à pieds vêtus a le dessus de la tête brun, le dessus du cou, le dos, les couvertures des ailes et les deux pennes intermédiaires de la queue d'un vert-doré ; tout le dessous du corps est d'un roux-jaune, les trois premières pennes latérales de la queue sont ferrugineuses dans les deux premiers tiers, le reste est noir terminé de blanc ; la penne la plus externe est brune. Le bec est long, arqué, avec la mandibule inférieure d'un blanc-jaune ; les pieds et les ongles sont blancs.

Cet oiseau m'a été communiqué par Béqœur.

FIN DE L'HISTOIRE NATURELLE DES COLIBRIS.

Le Colibri à pieds velus. Pl. 20.

HISTOIRE NATURELLE

DES

OISEAUX-MOUCHES.

AVERTISSEMENT.

Lorsque je communiquois à Audebert des notes tirées des observations que j'ai faites, tant à Saint-Domingue que dans les Etats-Unis, sur plus de deux cents espèces d'oiseaux [1], j'étois bien loin de prévoir que l'amitié et la reconnoissance m'imposeroient un jour l'obligation d'achever la partie historique des *Oiseaux-mouches*, et que la mort enleveroit l'auteur du superbe ouvrage sur les *Singes*, à l'époque où il terminoit celui qui vient d'être publié sur les Colibris, et qui n'est pas moins précieux que le premier, par la richesse, la beauté et la régularité des dessins. Cette perte est presque irréparable pour l'Histoire Naturelle. Audebert joignoit à l'art du dessin, les connoissances si nécessaires d'un Naturaliste éclairé. La réunion de ces deux sortes de talens faisoit espérer de voir différentes branches de la Zoologie traitées d'une manière parfaite. Eh! que ne devoit-on pas attendre du zèle infatigable de cet Artiste encore à la fleur de son âge? Il projetoit de donner à l'histoire des Oiseaux-

[1] Cet habile dessinateur devoit dessiner, d'après nature, environ la moitié de ces espèces, qui sont inconnues, ou mal décrites, ou mal figurées.

Mouches une suite qui lui auroit présenté les mêmes obstacles, mais qu'il auroit su vaincre ; celle des Grimpereaux-sucriers d'Afrique et d'Amérique (Soui-mangas et Guit-Guits de Buffon), oiseaux dont beaucoup d'espèces le disputent aux Colibris par la beauté et l'éclat de leurs couleurs, et dont les figures, en petit nombre, sont fort mauvaises. La plus grande partie des dessins étoit déjà achevée par ce travailleur infatigable, qui s'occupoit en même temps de donner, pour suite à l'histoire des Singes, celle des Quadrupèdes carnassiers. Les personnes qui connoissent ses Ouvrages, peuvent aisément se figurer combien les Arts et les Sciences doivent regretter l'homme qui présentoit un ensemble si rare de talens et de connoissances, et qui a prouvé, par les riches et exactes figures de son dernier ouvrage, que Buffon s'étoit trompé en le regardant comme l'écueil du pinceau [1].

Les dessins des Oiseaux-mouches étant presque tous finis, et la plus grande partie même gravés, on est maintenant occupé à les terminer ; j'ai, de mon côté, mis en ordre un grand nombre de descriptions physiques qu'a laissées AUDEBERT, et le public ne sera pas privé d'un ouvrage qu'il attendait avec impatience.

Les mœurs de ces oiseaux se ressemblent tellement, qu'en

---

[1] Description de l'Améthiste, Ois. Edit. in-fol. t. 6. p. 16.

faisant l'histoire d'une espèce, on fait presque toujours celle
des autres ; mais quoique la forme de leurs ailes et de leur
corps indique quelques différences dans leurs habitudes, elles
sont encore trop peu connues pour entrer à cet égard dans de
grands détails. Je m'étendrai davantage sur les espèces que
j'ai observées moi-même dans leur pays natal.

Une description sera toujours insuffisante pour faire connoître exactement ces chefs-d'œuvre de la nature. Leurs
couleurs offrent des nuances que le moindre changement
dans la position de l'oiseau fait varier à l'infini, et qui
joignent le feu et le jeu des pierreries à l'éclat des métaux les
plus polis. La plume doit être ici remplacée par un habile
pinceau, et quoique jusqu'à présent tous ceux qui l'ont entre-
pris aient échoué, les talens d'AUDEBERT ont fait voir
que les difficultés sont des moyens pour atteindre à la
perfection.

Nous nous bornerons, comme AUDEBERT l'a fait pour les
Colibris, aux espèces qui ont pu être dessinées d'après nature. Cette méthode est la seule propre à garantir des erreurs
qui se multiplient, lorsqu'on se contente de décrire ou de
dessiner les individus, soit d'après des figures enluminées,
qui souvent ont peu ou même point de rapport avec l'oiseau
qu'on a voulu peindre ; soit d'après des récits de Voyageurs
non Naturalistes, qui ne peuvent donner lieu qu'à des
conjectures ; ou enfin d'après les descriptions de divers
Auteurs, où l'on n'auroit pu trouver l'exactitude desirée,
puisque chacun a décrit sous le jour où il a vu, et que

les divers aspects présentant des couleurs et des nuances souvent opposées, ils demanderoient une description particulière.

HISTOIRE NATURELLE

DES

OISEAUX-MOUCHES.

INTRODUCTION.

Cette famille renferme les oiseaux les plus petits et les plus brillans par leurs couleurs. Leur extrême petitesse les a fait nommer par les Espagnols *Tominos* [1]. Ce qui a été dit du Colibri, doit aussi s'appliquer à l'Oiseau-mouche : c'est la même vivacité, le même vol, la même manière de vivre et de nicher. Cette ressemblance les a fait confondre avec les Colibris, et désigner sous le même nom par les Voyageurs, les Américains et divers Auteurs [2]; d'autres [3] les en ont séparés avec raison, d'après la forme du bec. Cette forme présente néanmoins une différence peu sensible dans quelques-uns, et l'on peut s'en convaincre en rapprochant le Colibri Hausse-col à queue fourchue, planche 14, de l'Oiseau-mouche vert-doré, planche 41. On détermineroit difficilement dans laquelle des deux familles ils seroient plus convenablement placés. Nous croyons qu'ils doivent être regardés comme formant un des anneaux de la chaîne qui lie d'une manière imperceptible toutes les classes des

[1] Le Tomine est un poids de douze grains.
[2] Marcgrave, Linné, etc.
[3] Brisson, Buffon, etc.

animaux, et qui nous fait passer insensiblement de l'une à l'autre; mais nous laissons aux méthodistes à décider, puisque notre but, comme celui d'Audebert, est seulement de faire connoître les Colibris et les Oiseaux-mouches par des figures plus exactes que celles qu'on a données jusqu'à ce jour. Les deux genres diffèrent encore par la taille. Les Colibris l'ont ordinairement svelte et alongée, et les Oiseaux-mouches l'ont plus ramassée : ces derniers sont d'ailleurs plus petits en général, quoiqu'il s'en trouve quelques-uns plus grands que divers Colibris. Certains Oiseaux-mouches s'avancent plus au Nord, et même le Rubis va jusqu'au Canada : les Colibris, au contraire, ne quittent guères les Tropiques, et s'avancent rarement sous les latitudes voisines.

Ces deux familles ont encore été confondues par beaucoup de Voyageurs, d'après la beauté de leurs plumes, leur nourriture, et la manière de se la procurer, avec les Grimpereaux d'Afrique (Soui-mangas); mais ces derniers sont aisés à reconnoître à leur bec plus effilé et formant un angle plus aigu, à la longueur de leurs pieds, et au nombre des pennes de la queue, qui est de douze, et de dix dans les Colibris.

Quelques auteurs ont attribué à ces oiseaux la faculté de s'engourdir, lorsque les fleurs commencent à leur manquer, et de passer dans cet état tout le temps de la mauvaise saison; on doit écarter ces fictions, puisqu'ils ne manquent jamais de fleurs dans les pays qu'ils habitent : le Rubis seul pourroit quelquefois s'en trouver privé, à cause de son séjour dans le Nord jusqu'à l'automne ; mais j'ai observé qu'il ne pouvoit supporter la privation de nourriture sans périr [1]. D'autres [2] ont dit qu'ils se nourrissoient alors d'insectes. Celui que je viens de citer est le seul qui puisse éprouver cette disette, soit parce qu'il auroit trop retardé son départ du Nord, ou seroit arrivé trop tôt, soit parce que des gelées précoces ou tardives auroient détruit les fleurs; mais alors il périt, comme je viens de le dire.

---

[1] Voyez son article.

[2] Ray, Zoologie universelle.

Il y a enfin des Auteurs qui ont assuré [1] que ces oiseaux se nourrissoient d'insectes et non du suc des fleurs , parce qu'ils en ont trouvé des
débris dans l'œsophage d'un Oiseau-mouche ; j'en ai ouvert un grand
nombre pour vérifier le fait , et je n'en ai jamais vu dans leur estomac ;
mais il est possible qu'en aspirant le miélat , ils entraînent avec leur langue
un peu gluante , les très-petits insectes qui se rencontrent dans la corolle ,
et il faut bien se garder d'en conclure que les Oiseaux-mouches soient entomophages , puisque leur bec en s'entr'ouvrant ne donne que le passage
nécessaire à l'épaisseur de la langue, qui seule pénètre dans la fleur. Ce bec ,
qui ne pourroit s'ouvrir assez à sa base pour permettre à l'oiseau d'avaler
les insectes entiers , n'a pas d'ailleurs la solidité nécessaire pour les broyer
ou les déchirer. D'un autre côté ces alimens leur seroient insuffisans.
« La nourriture la plus substantielle , dit Buffon , est nécessaire pour
» suffire à la prodigieuse vivacité de l'Oiseau-mouche , comparée avec son
» extrême petitesse ; il faut bien des molécules organiques pour soutenir
» tant de forces dans de si foibles organes , et fournir à la dépense d'esprits
» que fait un mouvement perpétuel et rapide ». Enfin , s'ils vivoient d'insectes , certainement ils en nourriroient leurs petits , et leur en porte-
roient au bout du bec , comme la plupart des insectivores , n'ayant point
de jabot pour les conserver , et l'ouverture de leur bec n'étant pas ,
comme aux Hirondelles et aux Gobe-mouches , assez large ni assez
profonde pour les contenir. Ceux qui les ont observés , ainsi que je
l'ai fait , ne leur en ont jamais vu porter , et tous s'accordent à dire qu'ils
nourrissent leurs petits du miel des fleurs [2]. J'ai été curieux de connoître
quel goût pouvoit avoir leur chair d'après une semblable nourriture ,
et je n'ai trouvé aucune différence entre cette chair et celle des autres
Oiseaux ; j'ai remarqué seulement qu'elle étoit très - compacte , et
jamais grasse.

La même erreur qu'Audebert a remarquée , en traitant des Colibris ,
se rencontre encore dans la famille des Oiseaux-mouches. Celui du Cap
de Bonne-Espérance (*Trochilus capensis* de Gmelin) ne peut être
qu'un oiseau étranger à cette famille , puisque tous les Naturalistes sont
d'accord qu'il n'en existe pas en Afrique ; ce n'est pas même un
Soui-manga , puisque Gmelin le place parmi les Colibris à bec droit.
Il me semble aussi que l'Oiseau-mouche à longue queue (vingt-quatrième

---

[1] Badier , etc.
[2] Voy. l'article du petit Oiseau-mouche de Saint-Domingue.

espèce de Buffon) n'en est pas un. Cet auteur cite Edwards, et celui-ci dit que le bec est plus épais à sa base que dans la plupart des espèces de ce genre, qu'il est assez long et finit en pointe *un peu courbée en en bas*. C'est d'après cette forme, sans doute, que Gmelin l'a placé parmi les Colibris à bec courbé.

L'Oiseau Mouche à larges tuyaux. Pl. 21.

L'OISEAU-MOUCHE A LARGES TUYAUX.

PLANCHE XXI.

Vert-doré foible en dessus du corps ; gris en dessous ; trois ou quatre grandes pennes des ailes ayant le tuyau grossi et courbé vers le milieu.

L'Oiseau-mouche à larges tuyaux. Buff. Ois. — *Trochilus campylopterus.* Linn. édit. de Gmel.

Cᴇᴛ Oiseau-mouche est de la première grandeur dans ce genre ; il a quatre pouces huit lignes depuis l'extrémité du bec jusqu'à celle de la queue ; les deux mandibules sont totalement noires ; le bec a un pouce de longueur ; le dessus de la tête, le cou, le dos, le croupion et les couvertures supérieures de la queue sont d'un vert-noir-gris, peu doré ; le menton, la gorge, la poitrine, le ventre et les couvertures du dessous de la queue sont gris ; les pennes intermédiaires de cette dernière sont d'une couleur verte foncée ; les deux pennes de chaque côté sont noires et leur extrémité est blanche.

Cet oiseau est facile à distinguer des autres , d'après la forme de ses ailes, dont les trois ou quatre grandes pennes ont le tuyau large, renflé , et courbé dans son milieu, ce qui donne à l'aile la coupe d'un large sabre , comme dit Buffon. Ce tuyau est de couleur noirâtre , et dans quelques-uns celui de la quatrième plume diffère peu des autres.

Cette espèce est très-rare dans les collections, et se trouve à la Guiane et à Cayenne.

Du Muséum Français.

L'Oiseau Mouche, à gorge tachetée.

L'OISEAU-MOUCHE A GORGE TACHETÉE.

PLANCHE XXII.

Dessus du corps d'un vert-noir ; dessous blanc tacheté de vert.

Oiseau-mouche à gorge tachetée. Buff. Ois. — *Trochilus fimbriatus.* Gmel. *Syst. nat.* — Oiseau-mouche à gorge tachetée de Cayenne. Briss. Ornith.

QUOIQUE je rapporte cet oiseau à celui décrit par les Auteurs que je viens de citer, il en diffère cependant par les couleurs de la tête et du dos qui ne sont pas aussi éclatantes ; mais il lui ressemble tellement par la taille et le reste du plumage, que je ne crois pas devoir en former une nouvelle espèce ; ce seroit tout au plus une variété. Comme cet oiseau est au Muséum Français depuis long-temps, ne seroit-il pas possible que ce fût l'individu décrit par Buffon, dont les couleurs auroient été altérées par la fumée du soufre considérée alors comme un préservatif contre les insectes, qui auroient fait moins de ravage que ce minéral dans cette belle et riche collection ? Beaucoup d'oiseaux sont tellement décolorés, sur-tout parmi les Colibris et les Oiseaux-mouches, qu'on peut à peine les reconnoître lorsqu'on les compare à de fraîches dépouilles, ou aux descriptions faites quand ils étoient dans leur beauté.

J'observerai, pour ne plus en faire mention dans d'autres descriptions, que, si je ne me trouve pas toujours d'accord avec les Ornithologistes que je citerai, sur le plus ou le moins de longueur des Oiseaux-mouches, cette différence provient de ce qu'on est souvent forcé de décrire des individus mal empaillés, ou desséchés au four sans être dépouillés. La peau du cou et du dos de ces oiseaux se prête tellement, qu'on peut à volonté l'alonger ou la raccourcir, ce qui donne lieu à des erreurs d'autant plus grandes, que l'espèce est plus petite.

La longueur de l'oiseau dont nous parlons est de quatre pouces deux à quatre lignes, depuis le bout du bec jusqu'à l'extrémité de la queue; le bec a douze lignes; la mandibule supérieure est noire, l'inférieure blanchâtre et noire à son extrémité; la tête est d'un vert-brun qui devient plus foncé sur le dos. Cette couleur n'occupe que le milieu de chaque plume, les bords sont d'un gris-blanc; celles qui recouvrent la gorge sont vertes et bordées comme celles du dos; la poitrine est blanche et mouchetée d'un brun-vert brillant et tirant un peu sur le noir; les taches sont plus clair-semées que sur la gorge; le ventre paroît être plus blanc, parce qu'il est moins tacheté; les couvertures du dessous de la queue sont d'un gris-blanc; les petites du dessus des ailes sont vertes, et les pennes d'un brun tirant sur le violet. (Cette couleur est commune aux ailes de presque tous ces oiseaux.) La queue est d'un vert-noir, et les pennes latérales sont bordées et terminées de blanc. Les pieds sont noirs.

Cet oiseau habite à Cayenne, et fait partie de la collection du Muséum Français.

L'Oiseau Mouche à Collier. Pl. 2.

L'OISEAU-MOUCHE A COLLIER,

DIT *LA JACOBINE*.

PLANCHE XXIII.

Tète et dessous du cou bleus; dos vert; ventre et queue blancs.

L'Oiseau-mouche à collier, dit la Jacobine. Buff. Ois. — *Trochilus mellivorus.* Linn. édit. de Gmel. — The white belly'd humming bird. Edw. av.

Ce bel oiseau égale en grandeur l'Oiseau-mouche à larges tuyaux. Son bec noir a dix lignes de longueur; la tête, la gorge et le cou sont d'un beau bleu, qui se change en vert-doré sur le dessus du cou, la poitrine et les flancs; le cou et le dos sont séparés par un demi-collier blanc; ce dernier et les couvertures des ailes sont d'un vert-doré; les grandes pennes d'un bleu-violet qui, lorsque l'aile est pliée, atteignent l'extrémité de la queue; les deux pennes intermédiaires de cette dernière sont plus courtes; ce qui la rend un peu fourchue; toutes sont bordées de noir à leur extrémité. Les pieds et les ongles sont noirs.

Cette espèce tire sans doute son nom de la distribution du blanc sur les parties inférieures de son corps. Il paroît qu'elle est commune à Cayenne et dans la Guiane, car on la trouve dans presque tous les envois de cette contrée.

Edwards donne sur la même planche la figure d'un autre Oiseau-mouche, qu'il soupçonne être le mâle ou la femelle. Buffon rapporte cet oiseau à sa treizième espèce, l'Emeraude améthyste.

Il fait partie de la collection d'Audebert.

LA JACOBINE VARIÉE.

PLANCHE XXIV.

Dessus du corps et dessous du cou variés de vert et de bleu ; ventre blanc.

Trochilus mellivorus varius.

La longueur est de quatre pouces huit lignes ; le bec est noir ; le dessus de la tête et du cou , le dos et le croupion sont variés de plumes vertes et bleues ; le menton et la gorge le sont de gris , de bleu et de blanc ; les petites couvertures des ailes sont vertes et bleues ; les grandes couvertures et les pennes d'un brun-violet ; l'estomac et le ventre sont blancs ; les pennes de la queue sont d'un vert-doré , bleues vers leur extrémité , et bordées de blanc ; les intermédiaires un peu plus courtes ; les pieds et les ongles noirs.

Cet oiseau , qui habite les mêmes pays que le précédent , paroît être ou un jeune mâle pris au moment qu'il se dépouilloit du plumage de nid pour prendre celui des adultes , ou une femelle ; mais comme ce n'est ici qu'une conjecture , nous le donnerons comme une variété.

Il est bien à desirer que les Voyageurs naturalistes portent toute leur attention , et réitèrent leurs observations sur les Colibris et les Oiseaux-mouches, dont le plumage varie tellement dans les sexes et les différens âges , qu'on s'exposeroit à faire beaucoup d'erreurs si l'on vouloit porter une décision précise sur les individus.

Cet oiseau fait partie de la collection de Vieillot.

La Jacobine variée. Pl. 24.

L'Oiseau-mouche à oreilles, mâle. pl. 23.

L'OISEAU-MOUCHE A OREILLES, MALE.

PLANCHE XXV.

Vert-doré en dessus; dessous blanc; deux pinceaux de plumes qui s'étendent en arrière des oreilles.

Oiseau-mouche à oreilles. Buff. Ois. — *Trochilus auritus.* Linn. édit. de Gmel. — Grand Oiseau-mouche de Cayenne. Briss. Ornith.

CET oiseau a quatre pouces et demi de longueur; le bec, qui a onze lignes, est noir et très-droit. On voit sous l'œil une tache d'un noir velouté, qui se prolonge vers les oreilles, et deux petits faisceaux composés chacun de six à sept plumes deux fois au moins plus longues que celles qui les avoisinent; l'un de ces faisceaux est d'un vert d'émeraude, et l'autre d'un violet améthyste. Mauduyt regarde ces plumes comme un prolongement de celles qui recouvrent dans tous les oiseaux le méat auditif; il ajoute qu'elles sont douces, et que leurs barbes duvetées ne se collent point les unes sur les autres. Cette remarque ne nous semble pas juste; car en examinant les mêmes plumes, nous avons observé qu'elles ne sont point le prolongement de celles du conduit auditif, qui existent chez cet Oiseau-mouche comme dans tous les autres oiseaux; mais qu'elles sont placées au-dessous de celles-ci : elles sont rondes, écailleuses, sans duvet, et fermes comme celles du dos, et elles ont la forme de la plume, (*fig. 13, pl. I.*)

Le dessus de la tête, le dos et le croupion sont d'un vert-doré éclatant, qui devient plus clair sur les couvertures de la queue; la gorge, la poitrine et le ventre sont d'un beau blanc; les pennes des ailes, noirâtres, ne vont que jusqu'aux deux tiers de la queue; ses trois pennes latérales sont blanches; la première est un peu plus courte, et les quatre intermédiaires sont d'un noir tirant sur le bleu; les pieds sont noirs.

Cet oiseau se trouve dans la Guiane.

De la collection d'Audebert.

L'Oiseau-mouche à oreilles, femelle. *Pl. 26.*

L'OISEAU-MOUCHE A OREILLES, FEMELLE.

PLANCHE XXVI.

Vert-doré ; gosier et poitrine blancs, et tachetés ; le bec d'un noir-brun.

Cette femelle diffère du mâle en ce qu'elle est privée des deux faisceaux de plumes; la tache noire qui est sous l'œil se prolonge un peu sur les côtés du cou ; la gorge et la poitrine sont tachetées d'un noir très-foible sur un fond blanc, qui s'étend sur le ventre et les couvertures inférieures de la queue. Le dessus du corps est d'un vert foncé, brillant et doré, qui devient d'un vert-doré clair sur les couvertures supérieures de la queue, dont les deux longues pennes sont d'un noir-brun, et les latérales blanches avec une tache noire; les ailes sont pareilles à celles du mâle, et les pieds d'un gris-brun.

Cet oiseau a été communiqué par Vieillot.

LE GRAND RUBIS.

PLANCHE XXVII.

Gris ; gorge rouge ; ventre gros bleu ; queue rousse.

Trochilus rubineus major.

Nous nommons ainsi cet oiseau, pour le distinguer du *Rubis améthyste* de Buffon (*Trochilus rubineus.* Lin. édit. de Gmel.), auquel nous ne pouvons le rapporter , puisque celui-ci a le devant et le dessus du corps d'un vert d'émeraude à reflets dorés, et que l'autre a les mêmes parties grises. La grandeur de cet oiseau empêche qu'on ne le confonde avec le *Rubis,* dont il diffère encore par les couleurs du dos et les pennes de la queue. Sa longueur est de quatre pouces trois lignes ; le bec est noir ; le bas du dos d'un noir très-peu doré ; les couvertures des ailes sont d'un brun-rouge doré ; les grandes pennes brunes, les plus courtes rousses, avec la bordure plus foncée, et la première des plus longues bordée extérieurement d'un roux vif. Le menton est d'une couleur obscure ; la gorge d'une couleur de feu très-vive ; le devant du cou et la poitrine d'un vert qui se change insensiblement en gros bleu sous le ventre , et les pennes de la queue rousses , bordées de blanc. Les pieds sont noirs.

Cet oiseau habite le Brésil et la Guiane.

Il fait partie du Muséum Français.

Le grand Rubis. pl. 27.

L'Oiseau-mouche brun-gris. pl. 28

L'OISEAU-MOUCHE BRUN-GRIS.

PLANCHE XXVIII.

Dessus du corps brun; dessous gris; queue rousse et arrondie.

Trochilus obscurus.

La couleur grise de cet individu, sur-tout à la gorge, nous fait conjec-
turer qu'il n'a pas acquis les belles couleurs qui , dans cette partie du
corps , caractérisent les mâles dans les Oiseaux-mouches ; il n'est pas aisé
de décider à quelle espèce il appartient. Il a beaucoup de rapport avec
l'Oiseau-mouche rayé (*Trochilus striatus* de Linn. édit. de Gmel.); mais
la partie inférieure est privée de cette raie longitudinale d'un vert-doré.
Il n'est pas même pareil à la variété chez laquelle , suivant lui , la raie est
brune ou de couleur obscure , puisque celui-ci a ces parties grises. Nous
l'avons placé à la suite du *grand Rubis ,* parce qu'il nous a paru approcher beaucoup de son espèce : peut-être en est-ce un jeune ou la femelle.
Il est un peu plus petit ; sa longueur est de trois pouces sept lignes , son
bec est noir, et a sept à huit lignes ; la gorge, la poitrine et le ventre sont
gris ; le bas-ventre plus obscur ; le dessus du dos et le croupion bruns , et
les pennes des ailes d'un brun plus foncé ; la queue est ronde ; ses pennes
intermédiaires sont d'un brun-vert , et les latérales rousses à la base ,
ensuite noires et terminées de blanc. Les pieds sont noirs.

Il habite les mêmes pays que le précédent.

Il fait partie de la collection du Muséum.

LE RUBIS-TOPAZE MALE.

PLANCHE XXIX.

Dessus de la tête rouge ; gorge topaze ; ventre brun ; queue rousse.

L'Oiseau-mouche à gorge topaze. Briss. Ornith. — *Trochilus moschitus.* Gmel. *Syst. nat.* — Le Rubis-topaze. Buff. Ois.

CET Oiseau-mouche est un des plus beaux, et l'espèce en est nombreuse, car elle est répandue dans toutes les collections , et il s'en trouve dans presque tous les envois d'oiseaux que l'on fait de Cayenne. Il seroit à desirer qu'on pût y désigner la femelle, qui ne me semble pas encore connue , puisque les Auteurs ne s'accordent pas sur les couleurs de son plumage. Brisson dit qu'elle est plus petite que le mâle, et que la tête , la gorge, le cou et la poitrine sont du même vert-doré que le dos. Ce ne peut être ici la femelle , car, comme l'observe Buffon , celle de l'Oiseau-mouche à gorge topaze, dont le corps est brun, n'a certainement pas le corps vert , aucune femelle de ce genre, ni même d'autres oiseaux , n'ayant jamais les couleurs plus éclatantes que le mâle. Mais Buffon a fait lui-même, et Gmelin après lui, une autre erreur , en donnant pour femelle au Rubis-topaze un oiseau dans son jeune âge , ainsi qu'on le verra par la description qui se trouve à l'article suivant.

Cette espèce varie dans la taille et les couleurs. Le Rubis d'Edwards (Ruby crested humming bird), planche 344, le même qui est donné par Buffon , planche 640, fig. 1 , est une variété qui ne diffère qu'en ce qu'il est un peu plus petit, que les couleurs sont moins foncées, et qu'il a une huppe très-peu relevée. Après avoir examiné cette huppe, je me suis convaincu que l'oiseau ne l'avoit acquise qu'en se desséchant , et par la constriction des muscles de la peau qui recouvre la tête. Néanmoins on peut aisément s'y tromper, les plumes du sommet et de l'occiput étant plus longues dans le Rubis-topaze que dans les autres. Enfin je rapporte encore à cet

Le Rubis-topaze mâle. Pl. 29.

oiseau l'Escarboucle de Buffon , qui n'en diffère que par moins d'éclat dans les couleurs , ce qui pourroit le faire regarder comme une variété , si l'altération de ces couleurs ne sembloit pas avoir été produite par le soufre.

Le bec du Rubis-topaze est noir et recouvert de petites plumes jusqu'à près de moitié de sa longueur , prise des coins de la bouche ; les narines découvertes comme dans tous ceux de ce genre , se trouvent par conséquent au milieu du bec ; la mandibule supérieure est un peu arquée vers son extrémité ; la longueur totale est de trois pouces six lignes. J'ai vu des individus plus ou moins longs de quelques lignes. Le bec a huit lignes depuis sa pointe jusqu'aux coins de la bouche ; les ailes, lorsqu'elles sont pliées, dépassent la queue ; les petites plumes qui recouvrent le bec , le sommet de la tête et l'occiput, vues en face , sont aussi éclatantes que le rubis ; vus de côté, elles sont d'un pourpre sombre ; le menton , la gorge et la partie supérieure de la poitrine, vus en face, sont d'une belle couleur de topaze, et vus de côté , d'un vert sombre ; la partie inférieure de la poitrine et le ventre sont noirs ; le bas-ventre a deux petites taches blanches sur ses côtés ; le dessus du cou, le dos, le croupion et les couvertures des ailes sont noirs avec quelques reflets verts, les pennes sont brunes, et vues de face elles sont violettes ; les couvertures inférieures de la queue sont rousses ; les pennes d'un beau roux-pourpré , sont terminées de brun-noir , larges et d'égale longueur. Pieds noirâtres.

Cet oiseau se trouve à la Guiane et au Brésil.

Il fait partie de la collection d'Audebert.

LE RUBIS-TOPAZE MALE, *JEUNE AGE*.

PLANCHE XXX.

Dessus du corps brun ; gorge et poitrine blanches.

Femelle du Rubis-topaze. Buff. Ois. Gmel. *Syst. nat.*

Cet Oiseau-mouche ne me paroît être qu'un individu de jeune âge dépouillé d'une partie de ses plumes de nid. Il a été tué à l'époque où il commençoit à muer pour prendre les couleurs du mâle adulte : d'après les connoissances que j'ai acquises sur les oiseaux par une longue habitude , je suis persuadé que les jeunes de cette espèce n'ont ni le ventre brun ni la ligne longitudinale dorée qui est sur le milieu de la gorge et de la poitrine de celui-ci ; mais qu'ils ont le dessus du corps brun , et le dessous d'un gris-blanc uniforme. Cependant comme ce n'est de ma part qu'une conjecture , il faut attendre qu'elle soit ou confirmée ou détruite par un Naturaliste qui aura observé cette espèce dans son pays natal.

Je rapporte à cet oiseau celui que Buffon donne pour la femelle du Rubis-topaze [1]. Il suffit de comparer sa description avec la figure de celui-ci , pour se convaincre que tous les deux sont dans un jeune âge , et qu'ils ne diffèrent que parce que l'un est plus avancé dans sa mue que l'autre. Sa femelle a le ventre totalement d'un gris-blanc , et ce jeune mâle l'a brun et tacheté du même gris-blanc. Ces taches sont un indice de la couleur générale qui existoit auparavant. Elles auroient disparu si l'oiseau eût subi sa mue en entier , parce que ce sont d'anciennes plumes qui auroient été remplacées comme les autres par des brunes. Les mêmes effets de cette mue s'apperçoivent sur le sommet de la tête , où les plumes rouges commencent à paroître , et enfin sur le milieu de la gorge et de la poitrine , dont le blanc est coupé par une ligne longitudinale d'une couleur pareille à celle qui orne les mêmes parties dans le précédent. D'après

---

[1] Buffon en fait encore une espèce particulière , sous le nom d'Oiseau-mouche à cravatte dorée, planche enluminée, n° 672 , fig. 3.

Le Rubis-topaze mâle jeune âge. pl. 50.

ces détails, je crois que ce n'est point une femelle, mais un jeune mâle, et que Buffon s'est trompé en lui donnant pour caractère distinctif les couleurs dont je viens de parler.

Cet oiseau est plus petit que le précédent, car il n'a que deux pouces huit lignes depuis le bout du bec jusqu'à l'extrémité de la queue. Cette différence provient en partie de la queue qui est très-courte ; son bec est arqué comme celui du précédent, mais trop dans la figure ; comme l'oiseau est dessiné, vu aux trois quarts de face, il le paroît encore plus. Le bec est noirâtre ; la tête est d'un brun clair, mélangé de quelques taches rouges (ce sont de nouvelles plumes) ; le dessus du cou, le dos et le croupion sont bruns, ainsi que la queue, dont les deux plumes latérales sont orangées ; la gorge et la poitrine sont blanches et coupées par le milieu d'une bande longitudinale d'une belle couleur topaze. Le ventre est brun et tacheté de blanc sur les côtés. Les pieds sont noirâtres.

Il fait partie de la collection de Dufresne.

LE RUBIS MALE.

PLANCHE XXXI.

Vert-doré ; gorge d'un rouge éclatant ; queue noire et fourchue.

Le Rubis. Buff. Ois. — Oiseau-mouche à gorge rouge, de la Caroline. Briss. Ornith. — *Trochilus colubris.* Linn. *Syst. nat.* édit. de Gmel. — The red throated humming bird. Edw. pl. 38 (le mâle). — The humming bird. Catesby, Carolina, t. 65.

CETTE espèce a trois pouces quatre lignes de longueur ; son bec est d'un jaune obscur et terminé de brun ; le dessus de la tête et le dos sont d'un brun-doré, plus brillant vers le croupion ; la poitrine et le ventre d'un gris blanc et noirâtre ; les pennes des ailes sont brunes, et leurs tiges sont très-fortes, et saillantes ainsi que celles des barbes ; les barbules sont d'une couleur plus obscure, ce qui rend les tiges très-distinctes ; la queue est fourchue ; les pennes intermédiaires sont de la couleur du croupion, les autres noires ; les pieds bruns.

Quoique cet oiseau habite pendant quatre ou cinq mois des régions très-septentrionales de l'Amérique, et se trouve à New-York au commencement de mai, et au Canada vers la fin de ce mois jusqu'à l'automne, il égale en beauté ceux qui ne quittent pas la Zone Torride. Il en est même peu qui aient la gorge ornée de couleurs plus vives : sous un point de vue, elle est d'un vert brillant ; sous un autre, elle a le feu et l'éclat du rubis ; sous un troisième, l'or en couvre les côtés ; si on regarde l'oiseau en dessous, il offre une couleur de grenat sombre. On ne peut décrire la quantité de nuances qu'il présente.

Cet oiseau se retire pendant l'hiver dans les Florides, et on le rencontre rarement dans les Antilles. Il n'est pas farouche, mais dès qu'on

Le Rubis mâle. Pl. 31.

en approche pour le saisir, il part et disparoît comme l'éclair. Ces petits oiseaux sont extrêmement jaloux les uns des autres ; s'ils se rencontrent plusieurs sur les mêmes plantes ou arbres en fleurs, ils s'attaquent avec la plus grande impétuosité, et ne cessent de se poursuivre avec tant d'ardeur et d'opiniâtreté, qu'ils entrent dans les appartemens, où le combat continue et ne finit que par la fuite du vaincu et la perte de quelques plumes : si les fleurs sont fanées, ils manifestent leur dépit et leur colère en arrachant les pétales, dont ils jonchent la terre.

Les Rubis ne peuvent supporter la privation totale du miélat que pendant douze à quatorze heures au plus, et souvent il en périt à l'automne, lorsqu'ayant été retenus par des couvées tardives, les fleurs se trouvent détruites par des gelées précoces, et le ressort de leurs ailes affaibli par le défaut de nourriture. Les mouvemens de l'oiseau ne s'exécutent plus alors avec cette rapidité qui le maintient suspendu sur la corolle dépositaire de la substance nutritive. Plus le besoin augmente, plus ses forces diminuent ; il se perche souvent, il vole avec moins de vélocité, se pose à terre, languit et meurt. Les jeunes des dernières couvées sont exposés à ce malheur, et souvent en automne on les trouve dans cet état de dépérissement.

La difficulté de se procurer ces jolis oiseaux sans en gâter le plumage, a fait imaginer différentes manières pour les prendre ; les uns les noient avec une seringue ; d'autres les tuent avec un pistolet chargé de sable, et même lorsqu'on est très-près, l'explosion de la poudre est quelquefois suffisante pour les étourdir et les faire tomber. Il est inutile de dire que le plomb le plus fin ne sauroit être employé pour la chasse de ces petits oiseaux, car un seul grain les écraseroit et n'en laisseroit que des débris. Comme ces divers moyens ont encore des inconvéniens, l'eau gâtant les plumes, et le sable les faisant tomber, j'ai eu recours à deux autres méthodes. J'ai employé avec succès le filet nommé toile d'araignée, dont j'entourois les arbrisseaux à un pied ou deux de distance. Cet oiseau fend l'air avec une telle vélocité, qu'il n'avoit pas le temps d'appercevoir le filet, et s'y prenoit aisément. Je me suis aussi servi d'une gaze verte en forme de filet à papillons ; mais cette manière demande de la patience et ne peut être employée que sur les plantes et arbrisseaux nains. Il faut d'ailleurs se tenir caché ; car quoique l'oiseau se laisse approcher de très-près, il n'en est pas moins méfiant, et si un corps étranger lui porte ombrage, il quitte les fleurs, s'élève à environ un pied au-dessus de la plante, y reste stationnaire, fixe l'objet qui l'inquiète, et après s'être assuré que sa crainte est fondée, jette un cri et disparoît. Pour avoir quelque succès dans cette chasse , il faut construire une petite niche , la plus basse possible , avec les plantes et les arbrisseaux voisins , et de-là envelopper l'oiseau avec le filet , de la même manière que l'on prend les papillons.

Enfin ayant remarqué que souvent les Oiseaux-mouches se perchoient sur les branches sèches des arbrisseaux , et voulant contempler au soleil , sur l'animal vivant, toute la beauté d'un plumage resplendissant de mille nuances dont la mort ternit l'éclat , j'insérois dans les fleurs de petites buchettes où ils venoient se percher. J'avois ainsi pendant une minute le plaisir de leur voir darder la langue dans les vases nectarifères , pour en aspirer un suc approprié à la délicatesse de leurs organes.

Cet oiseau place son nid sur les arbres et arbrisseaux , le compose d'un duvet brun qui se trouve sur le Sumac (petit arbuste fort commun) , et le couvre à l'extérieur de lichens. Celui que j'ai conservé étoit sur une petite branche de cèdre rouge. Le mâle apporte les matériaux et la femelle les arrange. Tous deux couvent alternativement. La ponte est de deux œufs d'une grosseur proportionnée à l'oiseau.

Le Rubis femelle. Pl. 32.

LE RUBIS FEMELLE.

PLANCHE XXXII.

Dessus du corps vert-doré; ventre d'un gris blanc; pennes de la queue égales.

The red throated humming bird. Edw. pl. 38 (la femelle).

J'ai remarqué une différence très-grande entre le mâle et la femelle , différence qui a échappé jusqu'à présent aux Auteurs qui les ont décrits, et qui se rencontre très-rarement dans les oiseaux : elle consiste dans la forme des pennes de la queue. Dans le mâle ces pennes finissent presque en pointe, et vont toutes en diminuant de longueur, de manière que les intermédiaires sont les plus courtes , ce qui rend sa queue fourchue ; elles sont au contraire arrondies vers le bout, et d'égale longueur dans la femelle. Le bec de celle-ci est noir, son front d'un vert-brun-gris , le cou , le dos et le croupion d'un vert-doré ; les couvertures supérieures des ailes sont vertes, ainsi que les pennes intermédiaires de la queue , les latérales sont de cette couleur à leur base , noires au milieu, et blanches à l'extrémité ; les pennes des ailes sont noirâtres, le dessous du corps d'un gris blanc, et les pieds noirs.

LE RUBIS MALE, *JEUNE AGE.*

PLANCHE XXXIII.

Corps brun et peu doré en dessus; gris blanc en dessous; queue non fourchue.

On doit rapporter à cette espèce la variété B, donnée par Gmelin, sous le nom de *Tomineo,* qui n'est qu'une femelle dans le jeune âge.

Les deux plumes qu'on voit sur les côtés du cou sont dorées, à reflets d'un rouge pourpre, mais elles ne sont pas creusées en gouttière, et sont comme celles du dos du Colibri topaze, ce qui annonce déjà le sexe de cet oiseau. Toutes les autres plumes de la gorge ne présentent que des petits points bruns, qui existent dès la sortie du nid, et qui sont la marque à laquelle on distingue le jeune mâle de la jeune femelle.

Le bec est noir; la tête et le dos bruns, ainsi que les ailes et la queue; les tiges des plumes de l'aile sont très-épaisses; la gorge et le ventre d'un gris blanc, ondulé légèrement d'un gris jaune; les pennes de la queue presque égales, sont ferrugineuses à leur base et terminées de blanc. Les pieds noirs.

Cet oiseau et les deux précédens ont été pris et observés par Vieillot, à New-York, et font partie de sa collection.

Le Rubis mâle, jeune âge. Pl. 33.

L'Oiseau Mouche violet à queue fourchue. Pl. 54.

L'OISEAU-MOUCHE VIOLET A QUEUE FOURCHUE.

PLANCHE XXXIV.

Haut du dos et poitrine d'un bleu-violet ; pennes extérieures de la queue plus longues de moitié que celles du milieu.

L'Oiseau-mouche violet à queue fourchue. Buffon. Ois. — L'Oiseau-mouche violet à queue fourchue de la Jamaïque. Briss. Ornith. — *Trochilus furcatus.* Gmelin. *Syst. . nat.*

GMELIN s'est trompé en plaçant cet oiseau parmi les Colibris à bec courbé (*voyez* sa neuvième espèce) , car il a le bec droit , caractère qui a décidé les deux Naturalistes Français ci-dessus cités , à le classer parmi les Oiseaux-mouches. Quoique cet oiseau soit commun dans les collections , et que l'espèce soit répandue dans une grande partie de l'Amérique méridionale , où elle a été observée par plusieurs Naturalistes , on n'a aucuns renseignemens sur ses habitudes , ni sur la différence des sexes et du jeune âge. Je me bornerai donc , avec regret , à donner la description physique de cet individu , que je crois un mâle d'après la vivacité et la beauté de ses couleurs.

Sa longueur est de quatre pouces depuis le bout du bec jusqu'à l'extrémité de la queue ; les ailes , lorsqu'elles sont pliées , s'étendent jusqu'aux trois quarts de cette dernière , qui a un pouce six lignes de longueur ; le bec est noir et long de neuf lignes ; la partie supérieure de la tête et du cou , vue dans un jour , est d'un vert-doré , et vue dans un autre , d'une couleur brune ; le dos est d'un bleu-violet très-éclatant ; les plumes scapulaires d'un vert brillant qui se change en violet ; les petites et les grandes couvertures du dessus et du dessous des ailes , et les couvertures du dessus de la queue sont d'un vert-doré ; les pennes des ailes d'un noir-violet ; le menton et la gorge d'un vert-doré très-brillant ; la poitrine et le ventre de la même couleur que le dos ; les plumes qui recouvrent les flancs sont noires et mélangées de violet ; les côtés du bas-ventre sont blancs, les couvertures inférieures de la queue variées de blanc et de noir ; les pennes sont d'un noir-bleu ; la plus extérieure de chaque côté est longue d'un pouce six lignes ; les autres vont toutes en diminuant de longueur jusqu'aux deux intermédiaires qui n'ont que neuf lignes, ce qui rend la queue très-fourchue. Les pieds sont noirâtres.

Cet oiseau habite le Brésil, Cayenne, Surinam et la Jamaïque.

Il fait partie de la collection d'Audebert.

Le Saphir. Pl. 55.

LE SAPHIR.

PLANCHE XXXV.

Bec blanc ; gosier roux ; queue d'un roux-doré.

Le Saphir. Buffon. Ois. — *Sapphirinus.* Gmelin.

CETTE espèce a été décrite pour la première fois par Buffon. On n'en connoît ni les habitudes, ni la femelle, ni le jeune âge. C'est pourquoi je me borne à donner la description physique du mâle.

Gmelin lui donne une variété qui n'en diffère qu'en ce que le ventre est blanc, et la queue d'un bleu-noir. Si nous avions pu nous procurer cet individu, nous en aurions donné la figure ; mais il n'existe dans aucune des collections où nous avons fait des recherches.

Celui dont il s'agit a trois pouces six lignes de longueur ; le bec en a huit depuis son extrémité jusqu'aux coins de la bouche, il est blanc, et le bout des mandibules est noir ; les ailes, lorsqu'elles sont pliées, s'étendent jusqu'au bout de la queue ; le dessus de la tête et du cou, les plumes qui recouvrent le dos et le croupion sont d'un vert-doré, et brillant dans des individus : cette couleur est sombre dans d'autres ; le menton et une partie du gosier sont d'un roux plus ou moins foncé dans quelques-uns ; le devant du cou et la poitrine sont d'une brillante couleur de saphir à reflets violets, qui, vus de côté, sont d'un violet-noir ; le ventre est pareil au dos : on remarque deux petites taches blanches près de l'anus ; les grandes et les petites couvertures des ailes sont d'un brun-doré, et les pennes brunes ; mais cette couleur se change en violet sur les plus grandes, quand on les voit de face ; les couvertures inférieures de la queue sont d'un roux foncé ; les pennes intermédiaires d'un brun-doré ; les latérales rousses et bordées d'un roux sombre; toutes sont en dessous d'un violet rembruni plus ou moins clair, selon les réflexions de la lumière; les pieds et les ongles sont bruns.

On le trouve à la Guiane et à Cayenne.

Il fait partie de la collection du Muséum Français.

Le Saphir émeraude. Pl. 56.

LE SAPHIR-ÉMERAUDE.

PLANCHE XXXVI.

Vert-doré ; tête et gorge d'un bleu-pourpré ; queue un peu fourchue.

Le Saphir-émeraude. Buff. Ois. — *Trochilus bicolor.* Gmelin.

C'est encore Buffon qui, le premier, a fait connoître cet oiseau. Cet auteur lui a donné à juste titre le nom de deux pierres précieuses, dont les couleurs brillent sur son plumage ; le bleu de saphir orne la tête et la gorge, et le beau vert d'émeraude couvre les plumes de la poitrine ; celui que je décris diffère du sien en ce qu'il a la queue un peu fourchue, les deux pennes intermédiaires étant plus courtes que les autres ; au contraire son Saphir-émeraude a les pennes coupées également et arrondies. Cet auteur donne pour variété ou pour une espèce très-voisine, un individu venu de la Guiane, qui n'a que la gorge couleur de saphir, et le reste du corps est d'un vert-glacé très-brillant.

Je ne connois ni la femelle, ni le jeune âge. Sa longueur est de trois pouces dix lignes, et celle du bec de neuf lignes ; la mandibule supérieure est noire, l'inférieure d'un blanc-jaunâtre jusqu'aux deux tiers, et noire à son extrémité ; la tête, le menton, le dessous du cou, la gorge et la partie supérieure de la poitrine sont d'un beau bleu de saphir à reflets violets et pourprés ; le reste de la poitrine et le ventre sont d'un beau vert-glacé d'émeraude à reflets dorés ; le dessus du cou et le dos sont d'un vert-doré, dont le fond est brun ; le croupion et les couvertures supérieures de la queue sont d'un bleu-violet ; les inférieures d'un violet-noir doré ; les scapulaires et les couvertures des ailes d'un bleu-violet, à reflets dorés ; les pennes sont noires, et vont, lorsque les ailes sont pliées, jusqu'au bout de la queue, dont les pennes sont d'un bleu-violet en dessus et en dessous ; vues dans un certain jour la couleur se change en noir-velouté. Les pieds sont noirs.

Cette espèce habite la Martinique et la Guadeloupe.

Elle a été communiquée par Vieillot.

L'Oiseau Maugé, mâle . Pl. 57.

L'OISEAU-MOUCHE MAUGÉ MALE.

PLANCHE XXXVII.

Vert-doré éclatant, à reflets bleus et violets; queue fourchue.

Trochilus Maugœus.

CETTE espèce, je crois, n'a pas encore été décrite; Maugé étant le premier qui l'ait fait connoître, je lui ai donné son nom. Ce Naturaliste, par zèle pour l'Histoire Naturelle, vient d'entreprendre, avec le capitaine Baudin, le voyage de la Nouvelle-Hollande et des îles de la mer Pacifique; les Ornithologistes espèrent qu'il rapportera, sur les oiseaux de ces contrées, presque tous inconnus, des notes d'autant plus précieuses, qu'elles auront été prises sur les lieux mêmes par un observateur éclairé, et le Muséum attend de ses soins des dépouilles nouvelles bien conservées, et aussi parfaites que celles qu'il a rapportées de l'île espagnole de Porto-Rico. Je ne puis parler de l'Espagne ou de ses possessions, sans éprouver des regrets de voir la Zoologie de ce pays si peu connue, quoique ce Royaume soit si près de la France. Beaucoup de ses productions, sur-tout dans les provinces méridionales, diffèrent des nôtres; qu'elles doivent donc être variées dans ses immenses possessions américaines! *Maugé* n'a séjourné que dans une seule des îles qui, par sa position, offre les mêmes productions que Saint-Domingue; cependant il en a rapporté des oiseaux, des insectes et des coquilles qui étoient inconnus. Combien n'en découvriroit-on pas d'autres dans le Pérou, le Mexique, la Californie et même la Louisiane, si de pareils Naturalistes y faisoient des recherches! Que de nouvelles connoissances pour l'Histoire Naturelle, et particulièrement pour celle des Oiseaux-mouches et des Colibris ¹, qui, d'après la situation

---

¹ La Condamine n'a vu nulle part des Colibris en plus grand nombre que dans les jardins de Quito. Voyage de La Condamine. Paris, 1745, pag. 171.

et le climat de ces contrées, doivent y être nombreux ! La description
de quelques-uns de ces oiseaux, qu'on dit habiter le Pérou et le Mexique
est si courte et si obscure, qu'on doute s'ils appartiennent à cette famille.
Il est certain qu'il s'y trouve un grand nombre d'espèces encore inconnues,
et qui doivent égaler en beauté, si elles ne les surpassent, toutes celles
que nous connoissons. Mais si des dépouilles suffisent à la curiosité,
l'instruction réclame des observations sur les mœurs, les habitudes, la
différence du plumage entre les mâles, les femelles, les adultes et les
jeunes ¹, sans quoi l'histoire des oiseaux restera toujours imparfaite et
fautive.

Celui-ci habite l'île de Porto-Rico ; il est long de trois pouces sept
lignes ; la mandibule supérieure est noire et l'inférieure jaunâtre ; le
dessus du corps est d'un beau vert-doré ; le dessous est de la même couleur,
mais plus brillante, et à reflets bleus et violets ; le bas-ventre est blanc ;
les pennes des ailes et de la queue sont d'un noir velouté qui se change en
bleu-violet ; les latérales ont quatorze lignes, les autres vont toutes en
diminuant de longueur jusqu'aux intermédiaires, qui sont les plus
courtes ; les ailes, étant pliées, dépassent un peu ces dernières ; les pieds
sont noirs.

Il fait partie de la collection du Muséum d'Histoire Naturelle.

---

¹ Je distingue l'oiseau dans trois âges différens : je l'appelle *jeune* lorsqu'il a encore ses premières
plumes ; *adulte* dès qu'il a subi sa première mue, et alors il porte des couleurs qui sont dans un grand
nombre d'espèces très-différentes de celles que l'oiseau vient de quitter ; enfin *vieux*, à l'époque où le
plumage a atteint la perfection qui caractérise ordinairement les deux sexes. Les oiseaux, sous les zones
tempérées et froides, n'acquièrent cette perfection qu'au printemps, et à l'époque des couvées sous les
tropiques. Il y a des exceptions ; car les mâles, dans quelques espèces, n'ont un plumage parfait
qu'après deux et trois ans ; toutefois ils s'accouplent et font des petits, pendant que leurs couleurs
passent par ces différentes gradations. Il en est d'autres qui éprouvent deux mues par an ; après celle
d'automne les mâles jeunes et vieux diffèrent peu des femelles, ne donnent aucun signe d'amour et ne
chantent pas ; après celle du printemps, ils se parent des couleurs qui les distinguent, font entendre
leur ramage et s'accouplent. Si on eût observé avec exactitude cette variété de couleurs dans les mêmes
individus, on eût commis bien moins d'erreurs en Ornithologie. Les oiseaux à double mue, originaires
d'Afrique et d'Amérique, que j'ai eu occasion d'observer, demandent, pour les bien faire connoître,
des détails un peu longs que m'interdisent les bornes de cet ouvrage.

L'Oiseau Maugé, femelle . Pl. 38.

L'OISEAU-MOUCHE MAUGÉ FEMELLE.

PLANCHE XXXVIII.

Dessus du corps vert-cuivré, gorge d'un blanc sale, queue un peu fourchue.

CETTE femelle porte les caractères qui distinguent ordinairement les deux sexes dans les Oiseaux-mouches : couleurs plus sombres et taille inférieure.

Sa longueur est de trois pouces trois lignes ; le bec a sept lignes et est noirâtre ; les ailes s'étendent presque jusqu'au bout de la queue ; le dessus de la tête et du cou, le dos, le croupion, les couvertures des ailes et de la queue sont d'un vert-cuivré peu doré ; le menton est d'un blanc sale ; la poitrine et le ventre sont de la même couleur, et parsemés de quelques taches vertes ; les pennes des ailes sont brunes ; les intermédiaires de la queue vertes, et plus courtes de deux lignes que les autres ; les deux extérieures de chaque côté sont vertes à la base, ensuite grises, bleues, et terminées d'un gris blanc ; celles qui suivent sont bleues à leur sommet ; les pieds sont bruns.

Cet oiseau a été apporté de Porto-Rico par Maugé, et fait partie de la collection du Muséum.

L'OISEAU-MOUCHE A GORGE VERTE.

PLANCHE XXXIX.

Bec très-fin et court, gorge d'un vert-doré à reflets bleus, pieds vêtus.

L'Oiseau-mouche de Cayenne. Briss. Ornit. — *Trochilus mellisugus.* Linné[1].

J E rapporte cet Oiseau-mouche à celui de Cayenne de Brisson, quoiqu'il en diffère par les reflets bleus et violets dont le sien me paroît privé, puisqu'il n'en parle pas. Celui-ci a d'ailleurs le bec plus court d'une ligne et demie ; mais ces différences ne me paroissent pas suffisantes pour en faire une espèce distincte, ce seroit tout au plus une variété. La femelle est pareille au mâle, mais les reflets sont moins sensibles, ce qui me feroit croire que c'est elle que Brisson a décrite. Les jeunes ont le dessus du corps mélangé de brun-noir et de vert-doré ; la gorge et la poitrine sont de la même couleur, le ventre est d'un brun foncé, le bas-ventre est blanc, les ailes et la queue sont pareilles à celles des vieux.

Cet oiseau a trois pouces de longueur ; son bec est noir et long de sept lignes, la queue en a neuf, le front est d'un vert-doré se changeant en brun, lorsqu'on regarde l'oiseau en dessus ; toutes les parties supérieures du corps sont de la même couleur, et la base des plumes est brune ; le menton, le dessous et les côtés du cou sont d'une belle couleur verte à reflets dorés, bleus et violets ; la poitrine, le ventre, et les petites couvertures du dessous des ailes, sont d'un vert-jaune doré ; il a deux petites taches blanches sur les côtés du ventre, dont la partie inférieure est d'un

---

[1] Cet oiseau ressemble beaucoup à l'Orvert de Buffon ; mais il en diffère par la taille, ayant au moins un pouce de plus.

L'Oiseau-Mouche, à gorge verte. Pl. 39.

beau blanc; les ailes sont d'un noir-violet; les plumes du dessous de la
queue d'un vert brillant et à reflets bleus; le dessus et le dessous des
pennes d'une couleur d'acier poli à reflets d'un bleu-violet; des plumes
brunes couvrent les pieds jusqu'à l'origine des doigts, qui sont noirs ainsi
que les ongles.

Cet oiseau habite Porto-Rico, d'où il a été rapporté par Maugé; il fait
partie de sa collection.

L'OISEAU-MOUCHE A GOSIER BLEU.

PLANCHE XL.

Vert-doré, menton d'un bleu de saphir, queue presque carrée.

Trochilus cœruleus.

La courte description donnée par Buffon [1] de la variété ou espèce très-voisine du Saphir-émeraude, me fait soupçonner qu'il a voulu parler de cet individu; mais ses couleurs autrement disposées et sa queue un peu arrondie, me décident à le regarder comme une espèce très-distincte : de plus celui-ci habite la Guiane, et ne se trouve pas, je crois, à la Martinique et à la Guadeloupe, où le Saphir-émeraude est très-commun.

La longueur de cet oiseau est de trois pouces cinq lignes; celle du bec de huit lignes; la mandibule supérieure est noire; l'inférieure d'un brun-jaunâtre; les plumes qui couvrent le menton et le gosier sont d'une belle couleur bleue de saphir, lorsqu'on regarde l'oiseau de face ou qu'il est plus bas que l'œil : vu de côté, cette couleur se change en brun; enfin elle est d'un brun-pourpré, si l'œil se place plus bas que l'individu; le dessous du cou, la poitrine et le ventre sont d'un beau vert-glacé, à reflets bleus sur les côtés du cou : sous un certain jour toutes ces parties sont brunes; le dessus de la tête est d'un vert-brun; le dessus du cou, le dos, le croupion, les petites couvertures des ailes et celles de la queue, sont d'un vert à reflets rougeâtres et cuivrés; les pennes des ailes d'un violet-noir; celles de la queue d'un bleu d'indigo mélangé de vert; le bas-ventre est blanc, les pieds sont noirs.

Cet oiseau est dans la collection d'Audebert.

---

[1] Gorge saphir, et le reste du corps d'un vert-glacé très-brillant. Tom. 6, pag. 26.

L'Oiseau Mouche, à gosier bleu. Pl. 40.

Le Vert-doré, à queue blanche et verte. Pl. 41.

LE VERT-DORÉ A QUEUE BLANCHE ET VERTE.

PLANCHE XLI.

Bec un peu courbé, gosier d'un vert-doré glacé, ailes d'un brun-roux, queue large
et arrondie.

Trochilus viridis.

O N a donné, comme je l'ai déjà dit, pour caractère aux Oiseaux-mouches
d'avoir le bec droit; cependant les Méthodistes ont rangé, parmi eux,
quelques espèces dont les mandibules sont un peu arquées, telles que le
Rubis-topaze et le suivant, dont la mandibule supérieure est inclinée.
Cette courbure est encore plus visible dans celui-ci, ce qui le rapproche des Colibris; mais elle ne m'a point paru assez prononcée pour
le classer dans cette famille. Je le regarde comme le passage de l'une à
l'autre. En le plaçant à la suite des Colibris, en mettant après lui l'Oiseau-
mouche tout vert, puis le Rubis-topaze, on arriveroit d'une manière
presque imperceptible aux becs droits.

Je crois que cet oiseau très-rare n'a pas encore été décrit. Sa longueur
est de quatre pouces cinq lignes, et celle du bec d'un pouce; la mandibule
supérieure est noire, l'inférieure blanche et noire à sa pointe; il a une
ligne blanche au-dessus des yeux; le dessus de la tête est d'un brun-
verdâtre; le cou, le dos, le croupion et les couvertures supérieures de la
queue sont d'un vert très-éclatant; le menton, la gorge et la poitrine sont
d'un vert-jaune doré à reflets très-brillans; le haut du ventre est vert-doré,
et le bas d'un gris brillant mélangé de vert; les couvertures inférieures
de la queue sont blanches à leur base et dorées à leur sommet; les
pennes mélangées de vert et de blanc, à l'exception des intermédiaires
totalement vertes. Les pieds sont d'une couleur jaunâtre.

Cette espèce se trouve à la Guiane.

L'OISEAU-MOUCHE TOUT VERT.

PLANCHE XLII.

Mandibules un peu inclinées, queue d'un beau vert-glacé et un peu arrondie.

All green humming bird. Edwards. — *Trochilus viridissimus*. Gmelin.

J E rapporte cet oiseau à celui tout vert d'Edwards , qui diffère par la grandeur [1] et la couleur de la queue, d'un noir d'acier poli ou violette, selon le jour où on la voit. Celui-ci est près de moitié plus grand que l'Orvert de Buffon, qui n'a pas deux pouces de longueur. Ne seroit-ce pas une faute d'impression, puisqu'il le rapporte à celui d'Edwards et au deuxième de Marcgrave, qui, selon Brisson, a plus de quatre pouces ? Le vert-jaune doré éclatant orne le plumage de cet oiseau, de même que celui du précédent. Je l'aurois regardé comme étant de la même espèce, s'il n'étoit plus petit, s'il n'avoit le bec plus court et moins arqué, et n'en différoit par les couleurs des ailes et de la queue [2].

La mandibule supérieure est brune, l'inférieure est jaunâtre ; le bec a dix lignes, et l'oiseau près de quatre pouces ; le dessus de la tête est vert ; l'occiput, le dessus du cou et le dos sont d'un beau vert, plus brillant sur le croupion et les couvertures de la queue ; les ailes sont d'un violet rembruni, et leurs couvertures pareilles au croupion ; le

---

[1] La figure qu'il en donne dans ses glanures, pl. 36o, a près de trois pouces de longueur.

[2] La variété à queue violette qui est au Muséum n'en diffère pas assez pour en donner la figure.

L'Oiseau Mouche, tout vert. Pl. 42.

dessous du corps est d'un beau vert-glacé à reflets d'or sur la gorge et la poitrine ; le bas – ventre et les couvertures inférieures de la queue sont blancs et tachetés de vert ; cette dernière est presque cunéiforme.

Cet oiseau habite Cayenne ; il est dans la collection d'Audebert.

L'OISEAU-MOUCHE A GORGE ET VENTRE BLANCS.

PLANCHE XLIII.

Dessous du corps blanc et côtés d'un vert-doré; bec très-peu incliné.

L'Oiseau-mouche à ventre blanc de Cayenne. Briss. Ornith. — *Trochilus leucogaster.* Gmelin.

L'OISEAU-MOUCHE de Brisson, auquel je rapporte celui-ci, ne diffère que par la taille moindre de deux lignes, et par le plumage du dessous du corps qui est totalement blanc; j'ai sous les yeux un individu pareil au sien que je regarde comme un jeune. Brisson soupçonne que c'est la femelle de sa septième espèce, que j'ai décrite sous le nom d'Oiseau-mouche à gorge tachetée. D'après les couleurs des côtés du cou, les proportions du corps et la forme du bec, qui est pointu et un peu courbé, il me semble que cet oiseau seroit plutôt la femelle ou un adulte de l'espèce précédente.

La mandibule supérieure est noire, l'inférieure blanche et noirâtre à sa pointe; le bec a dix lignes, et l'oiseau trois pouces onze lignes; le dessus de la tête est d'un brun-vert à reflets dorés sur les côtés du cou, de la gorge et de la poitrine; le dessus du corps est d'un vert changeant en couleur de cuivre de rosette; le bas-ventre et les couvertures inférieures de la queue sont blancs, les pennes des ailes d'un vert-brun, qui, vu dans un certain jour, se change en noir-violet vers leur extrémité; celles de la queue sont de la même couleur, et les intermédiaires d'un vert plus éclatant; les pieds sont bruns; les plumes dorées comme celles du Colibri-topaze femelle [1], et leur extrémité forme un peu la gouttière [2].

Cet oiseau habite la Guiane; il est dans la collection de Vieillot.

---

[1] Voyez pl. 1, fig. 20.
[2] Voyez pl. 1, fig. 13.

L'Oiseau Mouche, à gorge et ventre blanc. Pl. 43.

L'Oiseau Mouche, à peitrine verte. Pl. 44.

L'OISEAU-MOUCHE A POITRINE VERTE.

PLANCHE XLIV.

Tête d'un vert-brun ; gorge d'un vert brillant ; ventre blanc.

Trochilus maculatus.

CET oiseau est au Muséum d'Histoire Naturelle. Sa longueur, depuis l'extrémité du bec jusqu'à celle de la queue, est de trois pouces huit lignes ; le bec a dix lignes ; la mandibule supérieure est d'un brun-jaune à sa base, et noire à sa pointe ; l'inférieure est blanche ; le dessus de la tête d'un brun peu doré ; le dessus du cou, le dos, les couvertures de la queue et le croupion sont d'un brun-vert plus brillant ; la gorge et la poitrine d'un beau vert-doré ; les plumes creusées en gouttière et échancrées [1] ; la partie inférieure de la poitrine est divisée par une raie blanche très-étroite qui s'élargit sur le ventre, et en occupe entièrement l'extrémité ; les petites couvertures des ailes sont d'un vert-doré ; les inférieures de la queue d'un gris-doré ; les pennes intermédiaires d'un vert-bronzé, et les latérales terminées par une bordure roussâtre ; les pieds sont bruns.

J'ignore le pays que cet oiseau habite.

Ne seroit-ce pas une variété des précédens ?

---

[1] Voyez planche 1, figure 13.

L'OISEAU-MOUCHE A BEC BLANC.

PLANCHE XLV.

Gorge frangée de gris blanc; queue roussâtre à son sommet; ailes plus longues que la queue.

Trochilus albirostris.

JE crois cette espèce nouvelle, ne l'ayant trouvée décrite dans aucun ouvrage : je l'ai reçue dans un envoi de Cayenne. Ses ailes dépassent la queue de près de deux lignes, et sa longueur est de trois pouces trois lignes; le bec est long de neuf lignes, et noir à l'extrémité; les plumes de la tête sont brunes à reflets sombres de carmin doré; le dos est brun avec quelques foibles taches dorées; le cou, la gorge et la poitrine sont d'un vert-doré; mais chaque plume est bordée de blanc à l'extrémité des barbes, ce qui fait paroître ces parties d'un gris brillant; le ventre est brun, vu dans un certain jour, et mélangé d'or dans un autre; les ailes sont brunes; le bas-ventre et les couvertures inférieures de la queue sont blancs; les pennes brunes, et légèrement teintes d'un noir-violet; les pieds jaunâtres; les doigts et les ongles noirs.

Cet oiseau est dans la collection de Vieillot.

L'Oiseau Mouche, à bec blanc. Pl. 45.

L'Oiseau Mouche à gosier doré. Pl. 16.

L'OISEAU-MOUCHE A GOSIER DORÉ.

PLANCHE XLVI.

Vert doré; dessous du corps d'un gris sale; queue verte et violette.

L es couleurs de cet individu annoncent son jeune âge, et le rouge doré,
qui commence à paroître sur son gosier d'un gris sale dans son enfance,
indique l'époque où il se dépouille de ses premières plumes, pour prendre
ce riche éclat dont ne brillent les Oiseaux-mouches, qu'après la première
mue. Cette tache rouge me fait soupçonner qu'il appartient à une des espèces connues sous le nom de Rubis; mais à laquelle? je me garderai bien de
le décider, d'après les foibles indices qu'on peut tirer de ses couleurs im-
parfaites et d'une peau desséchée. C'est dans le doute que je fais quelques
rapprochemens. Je pense qu'il ne peut être de la famille du Rubis proprement dit, dont le jeune est figuré planche 33, car il est beaucoup plus
grand et en diffère par les couleurs de la tête, du dos et de la queue : de
plus, ces oiseaux n'habitent pas les mêmes contrées. Celui-ci se trouve à
Surinam, dans l'Amérique méridionale, et l'autre dans sa partie septentrionale. Peut-il appartenir à l'espèce du Rubis-émeraude, puisqu'il est près
d'un pouce plus petit? mais ne connoissant cet oiseau que d'après la description des auteurs, et la figure [1] que donne Buffon d'un individu dont les
couleurs ont atteint leur perfection, je ne puis juger de celles des jeunes,
qui, dans ce genre, sont généralement très-différentes de celles des vieux.
Il en est de même pour le grand Rubis, planche 27. Enfin je serois plus
porté à le ranger dans la famille du Rubis-topaze; il est à peu près de la
même taille et habite le même pays; je l'ai comparé à plusieurs jeunes
de cette espèce, dont un est figuré planche 30; mais il en diffère aussi par
les couleurs, et particulièrement celles des ailes et de la queue. Je laisserai cet individu isolé; car pour ne pas errer et le placer avec certitude, je
crois qu'il faut l'avoir observé dans son pays natal.

Sa longueur est de trois pouces six lignes, le bec est noir et a huit lignes,

____
[1] Planc. enl. n° 276, f. 4.

ses ailes étant pliées, ne dépassent pas le bout de la queue; il a la tête d'un vert-doré, les côtés du gosier, la gorge, la poitrine et le ventre d'un gris sale, plus clair sur le bas-ventre, et plus foncé sur les couvertures inférieures de la queue; le dessus du cou, le dos, le croupion d'un vert à reflets dorés, plus éclatans sur les petites couvertures des ailes; ses pennes sont d'un brun-violet; celles de la queue ont leurs barbes extérieures d'un vert brillant et les intérieures violettes; elles sont entièrement de cette dernière couleur vers leur extrémité; les intermédiaires d'un vert-doré et toutes terminées de blanc; les pieds et les ongles sont noirs.

Cet individu est dans la collection de Vieillot.

L'Oiseau Mouche, huppé mâle. Pl. 17.

L'OISEAU-MOUCHE HUPPÉ MALE.

PLANCHE XLVII.

Huppe d'un vert-doré ; gorge d'un brun-cendré ; pieds vêtus.

The crested humming bird. Edwards. — L'Oiseau-mouche huppé. Briss. Ornith. —
Buff. Ois. — *Trochilus cristatus*. Linn. *Syst. nat.*

L'oiseau-mouche huppé brun (*Trochilus puniceus* de Gmelin, qui
en fait une espèce) ne me paroît être qu'une variété, ou plutôt le
même individu vu sous un jour différent. La huppe, dit-il, est bleue,
et le reste du corps d'un brun pâle ; celui-ci, vu dans un certain
jour, présente les mêmes couleurs. Sa huppe se change d'un vert
d'émeraude très-brillant en bleu éclatant, et même les deux couleurs se
voient ensemble, si elle est relevée et opposée à la lumière : alors le vert-
doré couvre les petites plumes du bec et la moitié de la huppe ; les autres,
qui sont les plus longues, sont bleues ; enfin, vue dans une autre position,
la huppe est brune. Cette espèce, très-commune à la Martinique, se
trouve aussi à Cayenne. Je crois qu'elle ne dépasse pas le quatorzième
degré de latitude nord ; car elle ne se trouve ni à Porto-Rico ni à Saint-
Domingue. Elle fréquente les jardins, se plaît dans les habitations, s'approche volontiers des cases, attache quelquefois son nid soit à un brin de
paille saillant d'une couverture, soit à une branche d'oranger, de chèvre-
feuille ou de jasmin. Ce charmant oiseau devient audacieux si on lui enlève
ses petits ; sa tendresse pour eux lui fait tout braver ; par-tout il les suit,
et ne craint pas d'entrer dans un appartement pour les nourrir : si l'on
garnit cet appartement de fleurs, on se procure le plaisir de posséder plus
long-temps cet oiseau ; car le père et la mère, qui y trouvent des alimens,
y séjournent, et se familiarisent tellement qu'ils y passent la nuit avec

leurs petits. C'est certainement de cette espèce que parle Labat [1]; il lui donne le nom de Colibri, mais on confondoit autrefois les deux genres sous cette dénomination. J'ai remarqué que les Colibris sont d'un caractère plus sauvage. Le Grenat et les autres espèces qui habitent la Martinique, s'approchent peu des maisons, et se plaisent dans des endroits solitaires.

Cet oiseau a trois pouces; son bec noir est recouvert de plumes dans plus de la moitié de sa longueur. Le derrière de la tête, le dessus et les côtés du cou, le dos, le croupion, les couvertures du dessus et du dessous des ailes, et celles de la queue sont brunes à reflets dorés; la poitrine, le ventre et les jambes sont d'un brun velouté, très-foiblement doré; les pennes des ailes et la queue, d'un brun-violet, et les intermédiaires pareilles à celles du dos; les pieds sont couverts de plumes brunes jusqu'aux doigts, qui sont noirs ainsi que les ongles.

Cet oiseau est dans la collection de Vieillot.

---

[1] Nouveau Voyage aux îles de l'Amérique. Paris, 1722, tom. 4, pag. 14.

L'Oiseau Mouche, huppé femelle. Pl. 48.

L'OISEAU-MOUCHE HUPPÉ FEMELLE.

PLANCHE XLVIII.

Taille un peu inférieure à celle du mâle; couleurs plus sombres; tête non huppée.

Oiseau-mouche huppé femelle. Buffon. Ois.

LABAT, et Buffon d'après lui, sont, je crois, les seuls Auteurs qui aient fait connoître la différence du mâle et de la femelle. Celle-ci est privée de la huppe; cependant les plumes qui recouvrent le dessus de la tête m'ont paru un peu plus longues qu'elles ne le sont ordinairement dans les oiseaux de cette famille.

Le bec est brun et couvert de plumes jusqu'au quart de sa longueur; un brun un peu doré colore le dessus de la tête et du cou, le dos et le croupion; le menton et la gorge sont d'un blanc sale; la poitrine, le ventre et le bas-ventre d'un gris sombre; les ailes d'un brun tirant sur le violet; les pennes de la queue sont de la même couleur, et blanches à leur extrémité, excepté les intermédiaires; des plumes brunes couvrent les pieds presque jusqu'aux doigts, qui sont de cette dernière couleur.

Cet oiseau est au Muséum d'Histoire Naturelle.

LE HUPECOL MALE.

PLANCHE XLIX.

Tête huppée ; faisceau de plumes d'inégale longueur sur chaque côté du cou ; bande transversale d'un blanc jaunâtre sur le croupion.

Le Hupecol. Buff. Ois. — *Trochilus ornatus.* Gmelin.

Jusqu'a présent on ne connoît pas, dans ce genre, un plus bel oiseau. Sa tête est ornée d'une huppe rousse, et son cou de plumes longues, étroites, et élargies à leur extrémité, qui, vues dans un certain jour, brillent d'un vert éclatant et à reflets dorés. L'oiseau les relève en les dirigeant en arrière. Dans l'état de repos elles sont couchées sur le cou. Buffon ne lui en donne que sept à huit : le nombre n'étoit pas complet dans l'individu qu'il a décrit, et l'étendue de six à sept lignes qu'il donne aux plus longues le prouve ; car la plus longue a onze lignes, les deux suivantes neuf, et toutes les autres vont en diminuant jusqu'aux deux dernières, qui ne dépassent presque pas les autres plumes du cou, mais qu'on distingue aisément par leur forme et leurs reflets. Buffon dit que ces plumes se relèvent ainsi que la huppe, lorsque l'oiseau vole.

La grandeur de cet oiseau est de deux pouces sept lignes ; les ailes dépassent les trois-quarts de la queue ; le bec est roux à sa base, noir à son extrémité, et couvert de plumes jusqu'au quart de sa longueur, qui est de six lignes ; le front est d'un vert brillant, la huppe d'un roux très-vif, l'occiput et le dos d'un brun-vert doré ; les plumes du croupion et les couvertures de la queue sont brunes à l'extérieur, et rousses à l'intérieur ; les pennes d'un roux obscur bordé de brun ; les petites plumes qui entourent et couvrent le bec, la gorge et la poitrine, d'un vert très-

Le Rupecol, mâle. Pl. 49

brillant en forme de plaque; et si l'oiseau est placé plus haut que l'œil, elles paroissent brunes; le ventre est d'un vert-brun brillant; le bas-ventre d'un gris sale; les ailes sont d'un brun-violet; les longues plumes du cou sont rousses, un peu fauves vers leur extrémité, et terminées par une paillette qui, vue dans un certain jour, est d'un vert semblable à celui de la gorge; les pieds sont d'un gris-noirâtre.

Cet oiseau habite la Guiane; il fait partie de la collection du Muséum Français.

LE HUPECOL FEMELLE.

PLANCHE L.

Dessus du corps vert-bronzé; dessous roux; tête non huppée.

Le Hupecol femelle. Buff. Ois.

CETTE femelle, de la même grandeur que le mâle, est privée de la huppe et des plumes qui sont sur les côtés du cou; la bande transversale du croupion est roussâtre; les ailes vont presque jusqu'au bout de la queue; la mandibule supérieure est noirâtre, et l'inférieure jaunâtre et brune à son extrémité; le dessus de la tête, du cou et du dos est d'un vert-bronzé, plus sombre sur le sinciput; le croupion d'un rouge-doré; la gorge, la poitrine et le ventre sont d'un roux tacheté de vert; les ailes d'un brun-violet; les pennes de la queue sont rousses à leur base et à leur sommet, d'un vert-noir au milieu, à l'exception des intermédiaires qui sont de cette dernière couleur; les pieds sont noirâtres.

Cet oiseau a été communiqué par Bécœur.

Le Rupicol femelle. Pl. 50.

Le Rupicol mâle, adulte. Pl. 51.

LE HUPECOL ADULTE.

PLANCHE LI.

Plumes des côtés du cou très-courtes; point de bande transversale sur le bas du dos.

D'après la division que j'ai faite précédemment des Oiseaux, j'ai donné le nom d'Adulte à celui-ci; il porte encore un caractère du jeune âge, étant privé de cette bande jaunâtre qui sépare le dos du croupion; mais on remarque sur les côtés du cou les plumes brillantes qui ne décorent que les vieux. Elles sont très-courtes, parce que l'oiseau a été tué à l'époque de leur croissance. Du reste il ressemble à l'oiseau parfait.

Il fait partie de la collection de Dufresne.

L'OISEAU-MOUCHE A RAQUETTES.

PLANCHE LII.

Vert-bronzé ; la première penne de chaque côté de la queue plus longue que les autres, sans barbes dans la partie qui excède, à l'exception de leur extrémité, où elles sont disposées en petite palette, ce qui leur donne la forme de raquettes.

Oiseau-mouche à raquettes. Buff. Ois. — *Trochilus longicaudus.* Gmelin.

C ET oiseau, très-rare et très-peu connu, se trouve, selon Gmelin, dans l'Amérique méridionale. Sa grosseur est celle du Hupecol, et sa longueur est de trois pouces deux lignes depuis la pointe du bec jusqu'à l'extrémité de la queue ; les deux longues pennes la dépassent de dix lignes ; les ailes, lorsqu'elles sont pliées, s'étendent jusqu'à sa moitié ; les plumes, qui sont à la base de la mandibule inférieure, sont noires ; la gorge et la poitrine d'un beau vert d'émeraude ; le ventre est d'un brun-noir ; le bas-ventre et les couvertures inférieures de la queue sont blancs ; la tête, le dessus du cou et le dos d'un vert-bronzé ; les petites couvertures des ailes sont dorées, et les pennes d'un brun-violet ; la queue est fourchue et d'un brun-verdâtre ; les pennes sont pointues, à l'exception des latérales terminées en forme de raquettes [1], toutes ont le tuyau gros et jaunâtre.

Buffon, et les Auteurs qui depuis ont décrit cet oiseau, ne lui donnent que trente lignes jusqu'à l'extrémité des pennes latérales de la queue, et aux deux brins dix lignes d'excédant, ce qui le raccourcit de huit lignes. Cette différence est trop grande sur un si petit oiseau, pour ne pas croire que celui qu'il a décrit étoit défectueux.

Cet oiseau fait partie du Muséum Français.

---

[1] Nous avons décrit la queue de cet oiseau d'après nature, et sur plusieurs individus bien conservés, c'est pourquoi nous ne craignons point de contredire Buffon, qui, trompé sans doute par des individus en mauvais état, avance que les pennes intermédiaires sont les plus longues. Nous avons reconnu, au contraire, qu'elles étoient les plus courtes ; et que ce sont les deux pennes latérales qui dépassent les autres, et finissent en forme de raquettes. Ray, Gmelin et autres qui n'ont décrit cet oiseau que d'après Buffon, sont tombés dans la même erreur, et c'est à quoi s'exposeront tous ceux qui, comme ces derniers, voudront décrire sans observer.

L'Oiseau Mouche à raquettes. Pl. 52.

L'Oiseau Mouche à ventre gris. Pl. 55.

L'OISEAU-MOUCHE A VENTRE GRIS.

PLANCHE LIII. (*fig. 1*, le mâle.)

Dessus du corps d'un brun-vert brillant; dessous d'un gris blanc; pieds vêtus.

L'Oiseau-mouche de Saint-Domingue. Briss. Ornith. — *Trochilus niger.* Linn. *Syst. nat.*

Brisson et Buffon ont regardé cet oiseau comme la femelle de celui de Cayenne (sixième espèce du premier); mais après avoir observé cette espèce très-commune à Saint-Domingue, et m'en être procuré plusieurs couples avec le nid et les petits, j'ai reconnu que ces Naturalistes étoient dans l'erreur. Son chant, si l'on peut appeler ainsi plusieurs petits cris répétés de suite, et ne différant entre eux que par le degré de force, se fait entendre à une certaine distance, et dégénère en cris aigres et aigus, si l'oiseau est inquiété ou en colère; sur-tout s'il cherche à éloigner de son nid quelque oiseau ou quelque insecte importun. Il vit solitaire; mais dans la saison des amours on ne les rencontre plus que par couple. Le mâle a un tel attachement pour sa femelle, que non-seulement il partage avec elle tous les soins du petit ménage [1], mais lorsqu'elle couve, il veille à sa sûreté et lui apporte sa nourriture.

Chaque ponte, comme on sait, est fixée à deux œufs dans tous les oiseaux de ce genre : l'incubation dure douze jours. Les petits éclosent le treizième, restent dans le nid environ dix-sept à dix-huit jours, et ne le quittent que lorsque les pennes des ailes ont acquis presque toute leur longueur; alors ils suivent leurs parens dans les longues courses qu'exige la recherche de leurs alimens. Aussi-tôt que la famille a découvert un arbre

---

[1] Comme le Rubis il aide à la construction du nid, et couve alternativement avec sa femelle.

fleuri [1], les petits vont s'y percher ou sur un arbrisseau voisin, se plaçant toujours de préférence sur les branches sèches. Les vieux redoublent alors de vivacité; ils pompent le suc des fleurs, l'apportent à leurs enfans; et, soit perchés, soit stationnés en l'air, ils le distillent en posant leur langue sur celle des petits, qui, pour le recevoir, sort un peu du bec. Ceux-ci manifestent leur joie par de foibles cris, par l'agitation de leurs ailes; mais dès qu'ils peuvent se suffire, ils s'envolent et vivent solitaires.

La langue, comme je l'ai déjà dit, est partagée dans près de la moitié de sa longueur, en deux filets qui forment, à leur réunion, un tube creux, correspondant au gosier. L'oiseau plonge ses filets dans la corolle des fleurs jusqu'au tube, et il m'a semblé qu'ils s'ouvroient, saisissoient les parties mielleuses, et que le suc aspiré couloit par le petit canal dans l'œsophage. Mais au défaut de jabot pour arrêter le miel qu'il destine à ses petits, est-ce à la base de la langue ou dans le gosier qu'est situé ce réservoir? je l'ignore; il faudroit, je crois, pour le découvrir, se procurer l'oiseau à l'instant où il porte à manger à ses petits.

Labat, qui en a vu encore de plus près que moi, puisqu'ils venoient nourrir leurs enfans dans sa chambre, dit qu'ils les nourrissoient d'une pâtée très-fine, presque claire, faite avec du biscuit, du vin d'Espagne et du sucre, et qu'ils se contentoient de passer leur langue sur cette pâte; ils y joignent sans doute le suc des fleurs, car je n'ai pu parvenir à en élever avec la même nourriture, et ils sont tous morts avant de pouvoir manger seuls.

Cette espèce, une des plus petites de ce genre, n'a que deux pouces trois lignes depuis le bout du bec jusqu'à celui de la queue; les deux mandibules sont noires; les ailes, étant pliées, dépassent la queue de près de deux lignes; le dessus de la tête et du cou, le dos, le croupion, les plumes scapulaires, les couvertures des ailes et de la queue sont d'un brun-vert cuivré; la gorge, le dessous du cou, la poitrine et le ventre d'un gris blanc; on apperçoit sur la gorge quelques taches brunes; les couvertures du dessous de la queue sont blanches; les pennes des ailes d'un brun tirant sur le violet, et celles de la queue de la même

---

[1] Ils préfèrent l'arbrisseau nommé, à Saint-Domingue, pois de Congo (*cytisus cajan*. L.). J'ai remarqué qu'ils en recherchoient plus particulièrement les fleurs, qui renferment, sans doute, un miel plus abondant ou plus délicat.

couleur que le dos ; les plumes qui recouvrent les pieds sont pareilles au ventre ; les doigts et les ongles sont noirâtres.

La femelle (*fig.* 2 ') diffère du mâle en ce qu'elle est un peu plus petite, que le dessous du corps est d'un gris sale, et que les pennes de la queue sont blanches à leur sommet , à l'exception des intermédiaires qui sont de la couleur du dos. Les jeunes lui ressemblent.

Les uns posent leur nid sur la branche, et les autres l'attachent sur le côté, dans quelque position qu'elle soit. Celui qui est dessiné est attaché contre une branche de citronier de la grosseur d'une plume à écrire, et perpendiculaire. L'extérieur du nid est couvert de lichen, et le corps est composé de coton de Siam. Toute la partie de la branche à laquelle il est lié, est recouverte par le coton et le lichen ; ses épines longues et fortes percent la base et les côtés du nid de part en part, et lui donnent une telle solidité, que, quoique cette branche soit continuellement le jouet des vents, il n'en est pas endommagé.

Ces oiseaux ont été observés à Saint-Domingue, et communiqués par Vieillot.

' Les plumes de la femelle de l'Oiseau-mouche à ventre gris étant peu dorées, nous n'avons fait qu'une planche pour le mâle et la femelle ; notre procédé, comme on l'a déjà dit au commencement de cet ouvrage, ne permettant pas de dorer deux oiseaux sur une même planche, la figure deuxième est dorée au pinceau.

L'ESCARBOUCLE.

PLANCHE LIV.

Gorge d'un rouge-aurore très-brillant; bas-ventre gris; bec couvert de plumes
jusqu'à sa moitié.

L'Escarboucle. Buff. Ois. — *Trochilus carbunculus.* Gmelin.

J'ai rapporté l'Escarboucle au Rubis-topaze [1], parce que les couleurs
du seul que je connoissois alors étoient tellement dégradées par la vapeur
du soufre, que je le regardois comme un individu de son espèce dans un
mauvais état. Depuis j'en ai vu deux autres dont la fraîcheur et la beauté
du plumage ne laissoient aucun doute. C'est pourquoi on s'est décidé à
en donner la figure. Les Auteurs ne sont pas d'accord sur cet oiseau;
Buffon en fait une espèce particulière; Mauduit le regarde comme une
variété du Rubis-topaze. Ces deux oiseaux habitent le même pays : comme
celui-ci est très-rare, et ne diffère de l'autre que par un peu plus de
longueur et la nuance du rouge qui colore le dessus de la tête et la gorge,
je serois tenté de croire, comme Mauduit, que c'est une variété; mais
qu'elle est occasionnée par la vieillesse.

Sa longueur est de trois pouces neuf lignes; le bec est noir, et a sept
lignes et demie; les ailes vont, lorsqu'elles sont pliées, jusqu'au bout de
la queue; la tête est d'un rouge d'amarante éclatant; le dos et le croupion
sont d'un brun-vert; le rouge-aurore de la gorge se change, vu dans un
certain jour, en rouge de Saturne; la poitrine et le ventre sont d'un brun-
noir; l'anus est blanc; les couvertures du dessous de la queue sont
rousses; les petites des ailes d'un vert doré; les grandes et les pennes
d'un brun-pourpré; les plumes de la queue rousses, et terminées d'un
brun-violet; les pieds sont noirs.

Cet oiseau fait partie de la collection de Dufresne.

---

[1] Voyez page 62.

L'Escarboucle . Pl. 54.

Le Rubis-topaze _f.lle Pl. 33._

LE RUBIS-TOPAZE FEMELLE. [1]
PLANCHE LV.

Dessus du corps d'un vert-cuivré ; dessous gris ; bec couvert de plumes jusqu'à sa moitié.

Les Naturalistes ne sont pas d'accord sur les couleurs qui caractérisent la femelle du Rubis-topaze. Lorsque j'ai décrit le mâle, cette disparité dans les opinions m'a décidé à la regarder comme inconnue; mais depuis, un habitant de Cayenne qui a des connoissances en ornithologie, et qui a vu un très-grand nombre de ces oiseaux en vie, m'a désigné pour telle celui dont nous donnons ici la figure.

C'est en vain qu'on cherche sur son plumage les couleurs riches du mâle : elles diffèrent peu de celles du jeune. Un vert-cuivré sombre domine sur la tête et tout le dessus du corps, à l'exception des petites couvertures des ailes et de celles de la queue, où il jette des reflets dorés ; un gris sale couvre le dessous du corps; un violet sombre teint les ailes ; les pennes du milieu de la queue sont pareilles aux couvertures; les autres sont rousses, et ont, vers l'extrémité, des taches noires, changeantes en violet bronzé ; le bec et les pieds sont bruns.

De la collection de Vieillot.

---

[1] Cet oiseau a de grands rapports avec l'Oiseau-mouche brun-gris (pl. 28); mais il est un peu plus petit. Je soupçonne que le Brun-gris est la femelle du grand Rubis.

LE TRÈS-JEUNE RUBIS-TOPAZE.

PLANCHE LVI.

Dessus du corps vert-cuivré sombre; dessous gris sale.

Dans la plupart des oiseaux, la Nature a distingué chaque âge par des teintes particulières : il en est même qui, pendant leur jeunesse, changent plusieurs fois de couleurs avant d'avoir acquis celles qui caractérisent leur état parfait. Tel est le Rubis-topaze que j'ai fait connoître sous divers habits plus ou moins dissemblables les uns aux autres [1]. Le plumage de celui-ci est celui de l'enfance. Les petites plumes qui recouvrent une partie du bec sont d'un vert sombre; la gorge est tachetée de brun. Qu'on ajoute à ce que j'ai déjà dit, une frange verte sur les bords extérieurs des pennes latérales de la queue, l'extrémité de ces pennes terminée de noir et de blanc, l'on aura les traits distinctifs de cet Oiseau-Mouche dans son premier âge.

De la collection de Dufrène.

---

[1] Je me suis assuré que l'Oiseau-mouche figuré pl. 46, est un jeune de la même espèce, plus avancé en âge que celui-ci, et moins que celui figuré pl. 3o.

Le très-jeune Rubis-topaze. Pl. 56.

Le Saphir mâle

LE SAPHIR MALE.
PLANCHE LVII.

Sommet de la tête et gorge bleus; ailes brunes; queue d'un bleu noir.

JE regardois, avec tous les Ornithologistes, le Saphir (pl. 35) comme un mâle. Son plumage assez brillant donnoit de la vraisemblance à cette opinion; mais m'étant procuré, depuis peu, plusieurs oiseaux de cette race, dont les couleurs indiquent diverses époques de leur âge, j'ai vu que celles des jeunes ont, avec les siennes, des rapports assez grands, pour croire que ce ne peut être qu'un adulte ', ou la femelle sur laquelle on n'a aucuns renseignemens certains : de plus j'ai sous les yeux plusieurs individus dont la robe est plus riche et plus éclatante ; et l'on sait que la richesse et l'éclat ne sont, presque toujours, parmi les oiseaux, que l'appanage du mâle; c'est pourquoi je donne pour tel celui que je décris. La couleur rousse qui couvre le menton de l'autre est, dans celui-ci, remplacée par un bleu éclatant. Ce n'est pas la seule dissemblance remarquable; cette belle teinte pare aussi le dessus de la tête, les côtés et le dessous du cou, la gorge, la poitrine, où elle se change en violet ou en brun, selon la position de l'oiseau. L'occiput, le dessus du cou, le croupion sont d'une couleur de cuivre de rosette, à reflets dorés; le noir domine sur le bas de la poitrine, le ventre, les couvertures inférieures de la queue, avec quelques reflets verts; les flancs sont pareils au dos, et les plumes de l'anus blanches. Longueur totale, trois pouces six lignes; bec, blanc; son extrémité noire, ainsi que les pieds.

De la collection de Vieillot.

' Voyez ce que j'entends par ce mot appliqué aux oiseaux, pag. 78, not. 1.

LE JEUNE SAPHIR.

PLANCHE LVIII.

Parties supérieures d'un vert-cuivré sombre; inférieures d'un gris mélangé de noir.

On ne peut douter que cet oiseau ne soit un jeune de l'espèce connue sous le nom de Saphir. Les plumes bleues qui commencent à paroître sur le fond gris de la gorge, indiquent son âge. Le menton est d'un roux pâle; les couvertures des ailes sont d'un vert brillant; les pennes *alaires* et caudales d'un brun violet ; une teinte grise borde les pennes latérales de la queue. Longueur totale, trois pouces un quart ; bec, brun en dessus, d'un blanc jaunâtre en dessous, et long de huit lignes ; pieds noirâtres.

Le même oiseau, dans un âge moins avancé, a la tête et les autres parties supérieures d'un brun vert; le menton roux pâle; le dessous du corps blanc sale; les couvertures inférieures de la queue d'un gris foncé ; les ailes brunes; la queue verte depuis son origine jusqu'à sa moitié; le reste d'un brun violet et terminé de gris ; les intermédiaires de cette dernière couleur, à leur extrémité seulement. D'autres individus à-peu-près du même âge ont la poitrine verte, la gorge d'un bleu obscur (peut-être sont-ce des jeunes mâles) : cette teinte ne forme que des taches sombres qui percent à travers le gris dont chaque plume est terminée. Longueur totale, environ trois pouces.

De la collection de Dufrène.

Le Jeune Saphir. Pl. 58.

L'Oiseau Mouche à l. bec. Pl. 59.

L'OISEAU-MOUCHE A LONG BEC.

PLANCHE LIX.

Bec très-long et très-droit; tête bleue; gorge rouge.

Trochilus longirostris.

Ce nouvel Oiseau-mouche a été apporté des Indes Occidentales, mais l'on ignore de quelle partie. Il paroît très-rare; du moins, jusqu'à présent, l'on ne connoît que ce seul individu, dont nous sommes redevables aux recherches officieuses de M. Parkinson. Je le désigne par la dénomination de *long bec ;* ce caractère le fera distinguer aisément de ses congénères; car c'est de tous ceux connus celui qui a le bec le plus long. Le bleu qui couvre la tête descend jusqu'aux yeux; au-dessous de ceux-ci on remarque deux bandes, l'une noire qui prend naissance à la base de la mandibule supérieure, et s'étend sur les joues; l'autre blanche qui a la même étendue, et part des coins de la bouche; le dessus du cou, le dos, le croupion, les côtés de la poitrine sont verts avec des reflets dorés; une belle teinte de carmin domine sur le menton et la gorge, et un gris blanc sur les parties subséquentes; les pennes des ailes, les barbes intérieures des caudales, le milieu des intermédiaires sont gris; le vert-doré borde ces dernières des deux côtés, et les autres à l'extérieur. Les deux premières pennes de la queue ont deux taches blanches à leur extrémité; la troisième n'en a qu'une. Longueur totale, trois pouces et demi; bec, quinze lignes, noirâtre, ainsi que les pieds.

Cet oiseau qui est à Londres dans la collection de M. Thompson, a été dessiné par M. Syd. Edwards.

L'OISEAU-MOUCHE A TÊTE BLEUE.

PLANCHE LX.

Tête bleue; corps vert-brillant; queue très-longue et fourchue.

Long-tailed green humming-bird. Edwards, Ois. — L'Oiseau-mouche à longue queue, or, vert et bleu. Buffon, Ois. — Fork-tailed H. B. Latham, Synop. — *Trochilus forficatus.* Linné, *Syst. nat.*

Cette espèce a été placée parmi les Colibris à bec courbé, par Linné et Latham, et avec les Oiseaux-mouches, par Brisson, Buffon, et même Edwards, puisqu'il dit qu'elle a le bec droit. Il résulte de cette disparité dans les opinions, qu'elle est une des races désignées dans cet Ouvrage, comme très-difficiles à déterminer. Néanmoins j'ai adopté la manière de voir des deux Naturalistes français, parce que le bec me paroît très-foiblement incliné vers l'extrémité, et moins que celui du Rubis-topaze, dont tous les Ornithologistes et Méthodistes ont fait un Oiseau-Mouche ou Colibri à bec droit. Cet oiseau se trouve, dit Edwards, à la Jamaïque, où sans doute il est très-rare; car on n'en connoît pas dans les collections françaises, et le Muséum britannique possède, je crois, le seul qui soit en Angleterre. Peut-être cet individu a-t-il été apporté à la Jamaïque, du Mexique ou de la Nouvelle-Espagne, contrées fertiles en nouvelles et rares espèces, mais presque toutes inconnues. Je le soupçonne; car les Anglois recevant beaucoup d'oiseaux de cette île, il est étonnant qu'on ne leur envoie pas celui-ci qui est un des plus beaux : et l'on sait que ce sont toujours ceux à qui on donne la préférence.

Un riche bleu couvre la tête de cet oiseau; un vert éclatant à reflets dorés pare le reste du plumage, à l'exception du ventre et des couvertures inférieures de la queue qui sont blancs; les pennes alaires, excepté quelques secondaires pareilles au dos, sont brunes; l'or, le vert et le bleu brillent sur les pennes caudales; les latérales ont quatre pouces et demi de longueur; les suivantes, deux pouces deux lignes de moins; les autres diminuent graduellement jusqu'aux intermédiaires longues de

L'Oiseau-Mouche à tête bleue. Pl. 60.

dix lignes : ce qui rend la queue très-fourchue. Longueur totale, huit pouces; bec, dix lignes, noir, ainsi que les pieds.

Nous devons aux démarches de M. Parkinson, près des Directeurs du Muséum britannique, le dessin de cet oiseau et de plusieurs autres dont nous donnons les figures dans cet Ouvrage.

LE SASIN MALE.

PLANCHE LXI.

Plumes longues et mobiles sur les côtés du cou ; gorge rouge à reflets dorés ; pennes
de la queue pointues.

Ruff-necked humming-bird. Latham , Synop. — *Trochilus ruffus.* Gmelin. *Syst. nat.*

ON doit la connoissance de cette belle et rare espèce aux derniers Navi-
gateurs anglois qui ont fréquenté les côtes occidentales de l'Amérique
septentrionale : ils l'ont trouvée dans les bois qui bordent la baie de
Nootka. Les naturels lui donnent le nom de *Sasinnéer Sasin.* (Cook's
last Voy. 2 , p. 297 and Append.). Tel que le Rubis dans les contrées
de l'est , cet oiseau ne se plaît , pendant la belle saison , que sous les
latitudes nord. On ignore où il se retire pendant la mauvaise. Le Sasin
a la tête d'un vert-doré éclatant, qui incline à l'olive ; le dessus du corps
d'une teinte de cannelle pâle ; les couvertures des ailes d'un verdâtre
brillant ; la gorge et le haut de la poitrine d'une couleur de rubis, à reflets
d'un vert-olive éclatant, et plus foncée sur les côtés du cou dont les plumes
sont mobiles comme celles du Hupecol, mais moins longues ; un brun
pourpré colore les pennes des ailes ; un rougeâtre sale teint la poitrine
et le haut du ventre ; le reste et le bas-ventre sont d'un roux pâle ; la
queue est d'une couleur de cannelle brillante ; les pennes caudales sont
d'une largeur remarquable pour leur longueur ; les deux intermédiaires
étant larges de près d'un demi-pouce, les autres un peu moins ; toutes
sont pointues. Longueur totale , trois pouces deux lignes ; bec , noir , huit
lignes ; pieds , noirâtres ; queue , en forme de coin.

Cet individu, dessiné par Sydenham Edwards , est dans le Muséum
Leverian, appartenant à M. Parkinson.

LA FEMELLE diffère , selon Latham , en ce que les parties supérieures
du corps sont vertes , sans aucune apparence de teinte cannelle ; la
gorge est tachetée de rouge vif : on remarque une tache blanche à l'extrémité de chaque penne caudale, excepté les deux intermédiaires ; du
reste la queue est de la même couleur et de la même forme que celle
du mâle.

Le Sasin mâle. Pl. 61.

Le Nasin 1.er âge. Pl. 62.

LE SASIN JEUNE AGE.

PLANCHE LXII.

Ce jeune oiseau diffère peu de la femelle décrite par Latham : sa queue seule offre une dissemblance remarquable. On vient de voir que les vieux l'ont cunéiforme, et que les pennes sont pointues. Au contraire, celle du jeune est un peu fourchue, et les pennes sont presque carrées à leur extrémité. Sa taille a quelques lignes de moins dans sa longueur que celle du précédent; son bec est pareil; le dessus de la tête, le dos, le croupion, sont d'un vert doré; des coins de la bouche part une ligne d'un brun verdâtre qui passe sous l'œil, et s'élargit sur les joues; les ailes et la queue sont brunes; une couleur de rubis changeant en jaune couvre la gorge, les plumes des côtés du cou sont longues, mais moins que celles du précédent; ce qui me paroît indiquer un jeune mâle; un gris verdâtre est répandu sur la poitrine, le ventre et le bas-ventre; les pieds sont bruns.

Cet oiseau est dans le Muséum Leverian de M. Parkinson, où il a été dessiné.

L'OISEAU-MOUCHE A HUPPE BLEUE.

PLANCHE LXIII.

Huppe bleue ; corps brun.

Crested brown humming-bird. Latham, Synop. — *Trochilus puniceus.* Gmelin, *Syst. nat.*

EN comparant la description que donnent Latham, et Gmelin d'après lui, de cet individu avec l'Oiseau-Mouche huppé vu dans un certain jour, j'ai présumé qu'il devoit en être une variété, et non une espèce distincte, comme l'ont pensé ces deux Naturalistes. Cet oiseau étant dans le Muséum britannique, nous nous sommes décidés à le faire dessiner, non-seulement pour que l'on puisse se convaincre, par le rapprochement des figures, de la réalité de mes conjectures, mais encore pour faire jouir les amateurs d'une des plus jolies variétés qu'offre cette charmante famille. Lorsque Buffon a dit, en parlant de l'Oiseau-mouche pourpré, « qu'il est peut-être le seul de ce genre qui ne porte pas ou » presque pas de ce vert-doré qui brillante tous les autres Oiseaux-» mouches », il ne connoissoit pas celui-ci, sur lequel on ne trouve nul vestige de cette couleur, ni d'aucun autre vert. Excepté la huppe, tout son plumage est d'un brun pâle, seulement plus foncé sur les ailes et la queue. Ses dimensions me paroissent un peu inférieures à celles de l'Oiseau-mouche huppé, quoique Latham lui donne les mêmes proportions.

L'Oiseau Mouche à huppe bleue. _Pl. 63._

Le très petit Ois. Mouche. N.º 6.

LE TRÈS-PETIT OISEAU-MOUCHE.

PLANCHE LXIV.

Dessus du corps vert brillant; dessous gris.

L'Oiseau-mouche. Brisson, Ornith. — Le plus petit Oiseau-mouche. Buffon, Ois.
— *Trochilus minimus.* Linné, *Syst. nat.* — Least humming-bird. Latham, Synop.

CETTE espèce, la plus petite qui soit connue, est répandue dans les
Antilles et diverses parties de l'Amérique méridionale. Quelques mouches la surpassent en grosseur. Sa taille est de seize à dix-sept lignes,
et son poids de vingt grains, selon quelques Voyageurs, et plus, selon
d'autres.

Le mâle (n° 1) a le bec noir et long de trois à quatre lignes; les
pieds bruns; la tête, le dessus du corps vert brillant; le dessous gris-
blanc; les ailes d'un brun violet; les pennes intermédiaires de la queue
d'un noir bleuâtre; les latérales grises dans une partie, et terminées de
blanc.

La femelle (n° 2), d'une taille un peu inférieure, diffère, en ce que
le dessus du corps est d'un brun-vert, avec quelques reflets brillans sur
les petites couvertures des ailes, et en ce que les parties inférieures sont
d'un gris sale.

Ces oiseaux ont été communiqués par Dufrêne.

N'ayant pu nous procurer en nature, soit en France, soit à l'étranger,
tous les Oiseaux-mouches décrits jusqu'à présent, je complète leur genre
avec les descriptions qu'en ont faites les Auteurs ou Voyageurs.

L'OISEAU-MOUCHE A QUEUE FOURCHUE DE CAYENNE, *Tro-
chilus macrourus* (Gmelin), se trouve à la Guiane, selon Brisson, qui,
le premier, l'a décrit. Il a le dessus de la tête, le cou, la gorge d'un bleu-
violet très-éclatant, et mélangé d'un peu de vert-doré qui est la couleur
dominante du plumage; les grandes couvertures et les pennes des ailes
d'un brun tirant sur le violet; une tache blanche au bas-ventre; les
couvertures inférieures et les pennes de la queue d'un bleu d'acier poli

très-brillant; les latérales plus longues de deux pouces que les intermédiaires. Longueur totale, six pouces; bec, onze lignes et demie, noir,
ainsi que les pieds. Latham et Gmelin ont rangé cet oiseau parmi les
Colibris à bec courbé : cependant Brisson, qui l'a décrit d'après nature,
le donne pour un Oiseau-mouche.

L'Oiseau-mouche de Tabago, *Trochilus Tobaci* (Gmelin),
décrit par Latham, me paroît être le même que celui que nous avons
désigné par le nom de *Maugé*.

L'Oiseau-mouche rayé, *Trochil. striatus* (Gmelin), que Latham
a donné pour une nouvelle espèce, sous le nom de *Brown-crowned
H. B.*, me semble avoir les plus grands rapports avec le jeune Rubis-
topaze, à l'époque de sa première mue. On a déjà vu que cet oiseau a
été donné par des Ornithologistes pour une femelle, par d'autres, comme
une espèce. Si les individus décrits par le Naturaliste anglois à la suite
de celui-ci, n'avoient plus de longueur, je les regarderois comme des
jeunes de la même race dans un âge moins avancé.

Le Rubis-émeraude, *Trochilus rubineus* (Gm.), a été décrit,
pour la première fois, par Brisson, sous le nom d'Oiseau-mouche à gorge
rouge du Brésil. La tête, le cou, la poitrine sont d'un vert-doré très-
éclatant; le ventre est d'une teinte moins brillante; le dos, les parties
subséquentes, les petites couvertures des ailes sont verts, à reflets couleur de cuivre de rosette; la gorge a le feu de rubis, à reflets verts et
or; les grandes couvertures des ailes sont rousses et bordées d'un brun
violet; les pennes alaires et caudales sont de cette dernière teinte à l'extérieur, à l'extrémité, et rousses à l'intérieur. Longueur totale, quatre
pouces un tiers; bec, pieds, noirs.

L'Émeraude-améthyste, *Troch. ourissia* (Linné), décrit et figuré
dans Edwards (pl. 35, fig. 2), me semble être de la même race que l'Oiseau-mouche violet à queue fourchue de cet Ouvrage. Brisson et Buffon
en ont fait une espèce particulière. Sa queue étant moins longue et
moins fourchue, ses couleurs moins éclatantes, ne seroit-ce pas la
femelle? Quoi qu'il en soit, cet individu a trois pouces onze lignes de
longueur, le bec et les pieds noirs; la tête, la gorge, le cou, la partie
inférieure du dos, le croupion, les couvertures du dessus de la queue,
les petites des ailes d'un vert cuivré brillant; la poitrine, le haut du dos
et du ventre bleus, à reflets violets; le bas-ventre blanc; les couvertures inférieures de la queue d'un brun terne; les pennes alaires et cau-

dales d'un noir violet. On le trouve à Surinam et à Cayenne. Latham
et Gmelin lui donnent une variété qu'ils désignent par le dessus du corps
vert; la poitrine et le ventre bleus; une tache orangée au menton; les
pennes des ailes et de la queue de couleur obscure. Cet oiseau ne seroit-il
pas plutôt une variété du Saphir?

Les mêmes Naturalistes désignent pour variété à l'Oiseau-mouche à
oreilles, un individu qui n'en diffère qu'en ce que le trait partant des coins
de la bouche, passant sous les yeux, et s'étendant près des oreilles, est
pourpre, et se termine par une grande tache bleue. Le dessin de cet
oiseau qui est dans le Muséum britannique, nous a été envoyé par
M. Parkinson; mais la dissemblance ne nous a pas paru assez tranchante
pour en donner la figure.

L'Oiseau-mouche a tête obscure, *Troch. obscurus* (Gm.), est
décrit, pour la première fois, par Latham. Cet Auteur ne dit pas quel
pays il habite. Sa longueur est de quatre pouces un quart anglois; le dessus de la tête, jusqu'aux yeux, de couleur obscure; le menton, la gorge
d'un vert brillant; le dessus du cou, le haut du dos d'un bleu foncé;
la partie inférieure, le croupion, la queue, les cuisses d'un pourpre
obscur; la poitrine, le ventre et les couvertures des ailes d'un bleu pourpré. Le milieu du dos incline au vert. Bec, neuf lignes, brun; pieds, noirs.

Le Cyanocéphale, *Troch. cyanocephalus*. Gmelin décrit ainsi
cet oiseau, d'après Molina (*Hist. nat. Chili. p.* 218). Grosseur d'une
noix; bec blanchâtre; tête bleue; dessus du corps vert-doré; ailes et
queue pareilles à la tête et mélangées de pourpre; ventre rouge; pennes
caudales trois fois plus longues que le corps.

L'Améthyste, *Trochilus Amethystinus* (Gm.). Cet oiseau figuré
dans Buffon (pl. enl. 672, n° 1), est une espèce nouvelle de cet Auteur.
Taille du Rubis; dessus du corps vert-doré; gorge d'un améthyste brillant, changeant en brun pourpré, si l'on place l'oiseau au-dessous de
l'œil; parties inférieures marbrées de gris-blanc et de brun; queue fourchue; ailes ne dépassant pas les deux pennes intermédiaires. Cet individu a de très-grands rapports avec le Rubis; même taille, mêmes proportions et dimensions, mêmes couleurs, excepté sur la gorge; encore,
lorsqu'on regarde avec attention celle de ce dernier, elle a des reflets
d'un violet pourpré et brun pourpré, selon la position de l'oiseau. Comme
cet Améthyste, tel que le décrit Buffon, est extrêmement rare, ne
seroit-ce pas plutôt une variété qu'une espèce distincte du Rubis qui se
trouve aussi à Cayenne?

L'Oiseau-mouche a queue fourchue du Brésil, *Troch. glaucopis* (Gm.), a, selon Brisson, quatre pouces et demi; le bec long de onze lignes et noir; les pieds bruns; le front d'un bleu changeant en violet; le dessus de la tête d'un vert-doré foncé; les côtés, la gorge, le cou, le dos, le croupion, le ventre, les couvertures du dessus et du dessous de la queue, les petites couvertures des ailes d'un vert-doré éclatant; les cuisses brunes; deux taches blanches près de l'anus; (ces deux taches plus ou moins grandes se trouvent dans la plus grande partie des Colibris et des Oiseaux-mouches); les grandes couvertures des ailes sont d'un noir tirant sur le vert; les pennes d'un brun violet; les caudales d'un noir d'acier poli; les pieds sont couverts, jusqu'à l'origine des doigts, de plumes brunes terminées de blanchâtre.

Le Noir-bleu, *Troch. cyanomelas* (Gm.), est donné pour une espèce nouvelle par Latham et Gmelin, d'après Bancroft [1] qui l'a décrit succinctement (*Guian. p.* 168), et le désigne par la dénomination de noir et bleu. Sans doute que cette dernière couleur est divisée sur les parties du corps dont il ne parle pas; car il se borne à dire que les plumes des ailes et de la queue sont larges et d'un noir éclatant; celles de la gorge et de la poitrine d'un rouge cramoisi à reflets variés; la taille est deux fois la longueur de celle du suivant. Il habite, ajoute-t-il, les Antilles et le continent de l'Amérique méridionale [2].

L'Oiseau-mouche de la Guiane, *Troch. Guianensis* (Gm.). On doit la connoissance de cet individu au même Voyageur qui le nomme le petit Oiseau-mouche vert et cramoisi (*Smal green and crimson H. B. Guian. ibid.*). Sa longueur est d'un peu plus de deux pouces; le bec est noir, long et fin; les plumes du cou, du dos, et les couvertures supérieures des ailes sont d'une belle couleur verte et dorée; le sommet de la tête est orné d'une petite huppe rouge; les plumes de la poitrine sont de cette même teinte; les pennes des ailes et de la queue offrent un mélange de vert, de rouge et de pourpre sombre; la tête est petite; les yeux sont d'un noir brillant. Bancroft ajoute que cette espèce est la plus commune dans la Guiane, et paroît lui être particulière.

L'Oiseau-mouche a cou moucheté, *Patch-necked H. B.*

---

[1] Ces deux Naturalistes l'ont rangé parmi les Colibris à bec droit. Comme Bancroft ne parle pas de sa forme, je pense d'après sa taille, les couleurs, la largeur des pennes des ailes et de la queue, qu'il doit être rapporté au Colibri grenat.

[2] Gmelin dit qu'il est varié de blanc et de bleu. Comme il n'est pas question de la première couleur dans les descriptions de Latham et de Bancroft, d'après lesquels il le décrit, c'est sans doute une faute d'impression.

Latham, Suppl. to gen. Synop.). Cet oiseau a été décrit et donné par
cet Ornithologiste, pour une espèce nouvelle, d'après une peinture qui
appartient à Sir *A lever*. Sa taille est celle du Rubis ; le bec est long,
fin et noir ; la tête, le dessus du corps, les ailes, la queue, sont d'un
brun foncé ; les sourcils, le dessous du corps, blancs ; les côtés du cou
marqués de points sombres, avec quelques taches d'un rouge éclatant,
presque aussi grosses qu'un grain d'ivraie ; pieds noirs. D'après cette
description, cet oiseau me paraît avoir de grands rapports avec notre
jeune Rubis figuré pl. 33.

L'Oiseau-mouche POURPRÉ, *Trochilus ruber* (Linn.) figuré dans
Edwards, pl. 32, a environ trois pouces de longueur ; le dessus de la
tête, le dos, le croupion, les couvertures des ailes et de la queue d'un
brun sombre et mélangé de jaunâtre ; les côtés de la tête, la gorge, le
cou, la poitrine, le ventre, les cuisses, les couvertures du dessous de
la queue, d'un rouge-bai clair. On remarque quelques taches noirâtres
sur la poitrine : au-dessous des yeux est un trait d'un brun obscur ; les
ailes et la queue sont d'un brun violet, excepté les deux pennes intermédiaires de cette dernière qui sont totalement brunes. Le dessus du bec
est noir, le dessous de couleur de chair presque jusqu'à la pointe ; pieds
noirs. Il habite Surinam.

*Addition aux Descriptions de quelques Oiseaux-mouches de cet
Ouvrage.*

L'Oiseau-mouche A GORGE TACHETÉE, pag. 53, donné,
d'après les Auteurs, comme une espèce nouvelle, est un jeune ou la
femelle de la Jacobine, qui n'a pas été désignée jusqu'à présent. Il
suffit de le comparer avec celui décrit sous la dénomination de *Jacobine
variée*, qui n'est qu'un jeune de la même race à l'époque de la mue,
pour y voir des rapports et un air de famille.

LE RUBIS-TOPAZE, *jeune âge*, pag. 64, a la queue aussi longue
que le vieux. Dans celui figuré pl. 30, elle n'était pas encore parvenue
à sa longueur naturelle.

L'Oiseau-mouche A POITRINE VERTE, pag. 87, se trouve à
Cayenne, et est un jeune de l'espèce qui le précède : il est plus avancé
en âge que celui à gorge et ventre blancs.

L'Oiseau-mouche A BEC BLANC, pag. 88, a été donné, par

erreur, pour une espèce : c'est un jeune oiseau ou une femelle, dont la race n'est pas connue.

LE HUPPE-COL, pag. 94, a, sur les côtés du cou, lorsqu'il est dans sa perfection, quatorze plumes plus longues que les autres. L'on distingue le mâle dans son très-jeune âge, d'avec la femelle, par les plumes des côtés du cou : elles sont longues, mais beaucoup moins que celles des vieux, et de la même couleur que le dos.

L'OISEAU-MOUCHE A VENTRE GRIS, *mâle*, pag. 99, a les côtés de la poitrine et du ventre, tachetés de vert, avec quelques reflets cuivrés, peu apparens.

FIN DES OISEAUX-MOUCHES.

Le Colibri à ventre noirâtre

SUPPLÉMENT

A

L'HISTOIRE NATURELLE

DES COLIBRIS.

LE COLIBRI A VENTRE NOIR. [1]

PLANCHE LXV.

Vert ; menton vert-doré ; bas-ventre blanc.

Le plumage de ce Colibri a des rapports avec celui du Vert et noir (pl. 6). Cependant la tache bleue que ce dernier a sur la poitrine offre une dissemblance assez remarquable : de plus il est plus grand de quatre lignes. On pourrait encore lui trouver quelqu'analogie avec le Hausse-col vert, mais la teinte du ventre et le peu d'espace qu'occupe le vert sur la gorge ne permet pas de les confondre. Comme cet oiseau habite le même pays que le Vert et noir, peut-être en est-ce la femelle qui est inconnue. Un vert brillant à reflets métalliques couvre la tête et tout le dessus du corps; la gorge, la poitrine et le ventre sont d'un noir légèrement pourpré ; le bas-ventre est blanc; un violet noir teint les ailes et la queue. Longueur totale, trois pouces trois quarts; bec, douze lignes, noir, ainsi que les pieds.

Du Muséum d'Histoire Naturelle.

---

[1] Ce Colibri et les suivans nous étant parvenus trop tard pour être placés dans leur genre, nous les donnons par Supplément, en suivant la cote générale des pages pour l'ordre de la Table des Matières.

LE COLIBRI A GORGE BLEUE.

PLANCHE LXVI.

Vert; ventre, bas-ventre et couvertures inférieures de la queue, blancs.

QUOIQUE je désigne ce Colibri par une dénomination particulière, je ne prétends pas le donner comme espèce. Son plumage mélangé de teintes ternes et brillantes, indique bien un jeune oiseau et une première mue, mais non pas la race à qui il appartient. Néanmoins l'arc du bec foiblement prononcé, quelques indices tirés des couleurs principales, surtout de celles de la queue, me font soupçonner qu'il est de la même ou d'une très-approchante du Colibri à ventre piqueté (pl. 8), qui est aussi dans son printemps, et dont l'espèce est encore inconnue [1]. Pour ne rien hasarder, il vaut mieux le laisser isolé, et attendre des renseignemens pris dans sa patrie. Je ne connois ici qu'un seul individu sous cet habit; ce qui annonce sa grande rareté : il s'est trouvé parmi d'autres oiseaux envoyés de la Guiane.

Un vert sombre règne sur la tête, les côtés et le dessus du cou de ce Colibri : il se change en vert-doré sur le dos, le croupion, les couvertures supérieures de la queue; le violet noirâtre est la teinte des ailes; les plumes de la gorge sont bleues et blanches; ce qui la fait paroître tachetée de ces deux couleurs; le vert couvre le dessus des pennes caudales, et le violet bronzé le dessous; le blanc termine les latérales, et les borde depuis leur origine jusqu'aux deux tiers de leur longueur; toutes, excepté les intermédiaires, ont en dessous, vers l'extrémité, une tache d'un bleu noirâtre. Longueur totale, quatre pouces un tiers; bec, onze lignes, noir, ainsi que les pieds sur lesquels on remarque quelques plumes blanches.

Cet individu est dans la collection de Vieillot.

---

[1] Si cet individu n'avoit point le bec courbé, je croirois qu'il est de la même espèce que l'Oiseau-mouche à gorge tachetée, avec lequel il a quelqu'analogie.

Le Colibri à g.e bleue. N.º 66.

Le Colibri à tête noire. n.o 6.

LE COLIBRI A TÊTE NOIRE.
PLANCHE LXVII.

Vert-doré; plumes du sommet de la tête et haut du cou, noirs; les deux pennes extérieures de la queue très-longues.

L'Oiseau-mouche à tête noire et queue fourchue de la Jamaïque. Brisson. — L'Oiseau-mouche à longue queue noire. Buffon, Ois. — Black-capped humming bird. Latham, Synop. Edwards, pl. 34.

CETTE espèce a été classée avec les Oiseaux-mouches, comme je l'ai dit dans l'Introduction, par les Auteurs français ci-dessus cités. Linné et Latham ont eu raison de la placer parmi les Colibris, puisqu'elle a le bec un peu courbé, comme l'a fort bien observé Edwards qui, le premier, l'a fait connoître. Elle habite, selon lui, la Jamaïque : elle se trouve aussi, dit Latham, dans la Guiane et d'autres parties de l'Amérique méridionale. Les plumes qui recouvrent la tête et l'occiput sont longues, et d'un noir à reflets bleuâtres; le pli de l'aile est blanc; un vert éclatant jette des reflets dorés sur le dessus du corps, et des reflets bleus sur la gorge, la poitrine, le ventre; les plumes de ces diverses parties sont rangées comme des écailles. Un violet tirant au brun est la couleur dominante des ailes, de la queue, et prend un ton bleuâtre très-brillant, selon la direction de la lumière. Longueur totale, neuf pouces et demi; queue, étagée et très-fourchue; les deux pennes latérales outre-passant la plus longue des autres de plus de deux pouces[1]; mandibules, onze lignes, épaisses à la base, et jaunes jusqu'à la pointe qui est noire; pieds, de cette dernière couleur.

Cet oiseau est dans le Muséum de M. Parkinson, et a été dessiné à Londres par M. Syd. Edwards.

Latham décrit, à la suite de celui-ci, un individu du même pays, qu'on pourroit soupçonner, dit-il, être un jeune de cette race, ou la femelle qui n'est pas connue. *Voy.* Latham, tom. 2, p. 748.

---

[1] Buffon dit que ces plumes ne sont barbées que d'un duvet effilé et flottant : c'est ainsi qu'Albin les a fait figurer. Dans celui que nous donnons d'après nature, les barbes des pennes ne diffèrent de celles des autres Colibris, qu'en ce qu'elles sont plus longues et moins fermes. Remarquez, comme le dit Buffon, que la figure qu'en donne Albin est mauvaise; celle d'Edwards est plus correcte.

LE JEUNE COLIBRI A PIEDS VÊTUS.

PLANCHE LXVIII.

Parties supérieures brunes; inférieures rousses.

Plusieurs couleurs analogues avec celles que porte, dans un âge avancé, le Colibri à pieds vêtus [1], ne permettent pas de douter que cet oiseau ne soit de la même race : des teintes plus ternes et d'anciennes pennes caudales d'une nuance différente des nouvelles, me font présumer qu'on se l'est procuré, lorsqu'il quittoit la livrée de l'enfance pour se revêtir de la robe qui caractérise l'adulte. Le brun et le roux dominent sur le plumage de ce Colibri : le premier règne sur la tête, le dessus du corps, les couvertures *sous-alaires* et les pennes des ailes. Cette couleur ne se présente pas sur toutes ces parties avec la même nuance : elle est foncée sur les oreilles, claire sur la tête, d'un ton vert-brillant sur le cou, le dos, le croupion, et tend au violet sur les pennes. Le roux domine sur les parties inférieures et les plumes des pieds; mais avec une teinte plus sale sur le ventre, plus claire sur le bas-ventre et les couvertures inférieures de la queue; les pennes caudales sont vertes en dessus, d'un roux vif en dessous, depuis la base jusqu'à la moitié de leur longueur, ensuite d'un noir violet, et terminées de blanc. Longueur totale, quatre pouces et demi; bec, quatorze lignes, noir en dessus et à sa pointe, jaunâtre en dessous; doigts, d'un jaune blanchâtre; ongles, noirs.

---

[1] Ce Colibri à pieds vêtus est le Colibri du Brésil de Brisson. Son plumage a aussi de grands rapports avec le Colibri à ventre roussâtre de Buffon; mais ce ne peut être le même, si réellement ce dernier est plus petit que celui de Brisson, et si son bec n'a que six lignes de longueur.

T.e Colibri à pieds vêtus. Pl. 68.

L'Arlequin. Pl. 69.

L'ARLEQUIN.

PLANCHE LXIX.

Plumage bigarré de vert-doré, de bleu, de noir, de rouge et de brun.

Harlequin humming-bird. Latham, Synop. — *Trochilus multicolor.* Gmelin *Syst. nat.*

M. Latham est le premier qui ait décrit cette espèce ; mais il ignore de quel pays elle vient. C'est sans doute d'après cinq couleurs tranchantes et divisées par grandes taches sur son corps, que cet Ornithologiste lui a donné le nom d'*Harlequin.* Le vert-doré occupe le sommet de la tête, le menton, la gorge, la poitrine, le milieu du dos, et les petites couvertures des ailes ; des coins de la bouche part une petite bande bleue qui entoure les yeux, couvre les oreilles, l'occiput, les côtés et le dessus du cou ; elle est bordée de noir seulement sur ces dernières parties ; la couleur brune répandue sur le reste du dessus du corps, prend une nuance claire sur les pennes alaires et caudales ; un rouge cinabre sans éclat, colore le ventre, le bas-ventre et les couvertures inférieures de la queue. Longueur totale, quatre pouces ; bec, douze lignes, brun-clair ; mandibule supérieure couverte de plumes jusqu'aux narines ; pieds pareils au bec.

Cet oiseau est dans le Muséum britannique, où il a été dessiné par Syd. Edwards.

Latham donne, dans le Supplément de son *General Synopsis*, la figure d'une variété qui diffère, en ce qu'elle a plus de longueur et une petite bande d'un vert bleu au-dessous du demi-collier noir. Qu'on ajoute à cela que la partie supérieure du dos incline au vert, et que le dessous des pennes de la queue tend au pourpre, on en aura une idée parfaite. Cet Ornithologiste l'a décrit d'après un dessin qui est dans la collection du colonel Davies.

LE PLASTRON VIOLET.

PLANCHE LXX.

Vert; poitrine et ventre violets; dessous des pennes caudales à reflets verts.

Mango humming-bird, Var. B. Latham, Suppl. to the gener. Synop.

M. Latham qui, le premier, a décrit cet oiseau, en fait une variété du Colibri à plastron noir (*Trochilus mango*). Il me semble qu'il en diffère beaucoup : ne seroit-ce pas plutôt une variété du Hausse-col vert (*Trochilus gramineus*)? Je suis tenté de le croire; car ces deux Colibris ont la plus grande analogie dans leur ensemble et la disposition des couleurs. La seule dissemblance que je remarque entre eux consiste dans la nuance qui domine sur la poitrine et le ventre. Dans celui-ci, ces parties sont violettes; dans le Hausse-col vert, elles sont noires : encore cette teinte noire a des reflets violets sur plusieurs individus que j'ai observés [1]. Au reste, cet oiseau a quatre pouces et demi; le bec noir, peu arqué, long de douze lignes; la tête, le dessus du cou, le dos, le croupion, les côtés de la poitrine et du ventre d'un vert cuivré à reflets obscurs; la gorge et les couvertures des ailes à reflets brillans; les pennes de la queue vertes en dessous; (l'Ornithologiste anglais ne fait mention que du dessus de la queue). Du reste il ressemble au Hausse-col vert, qui, comme lui, a le bas-ventre blanc.

L'individu dont nous donnons ici la figure, est celui qu'a décrit le docteur Latham. Il fait partie du cabinet du major-général *Davies of Blackheath.* Cet estimable amateur nous en a *fourni le dessin* peint par lui-même. La manière dont il s'en est acquitté prouve évidemment que les sciences qui lui sont familières ne l'empêchent pas de cultiver avec succès l'art de la Peinture.

Quoique nous ayons fait connoître par des figures d'après nature un grand nombre de Colibris, les Ornithologistes modernes en décrivent encore davantage; mais n'ayant pu nous les procurer, nous nous bornerons aux descriptions qu'ils en font, afin de compléter leur histoire, sans en garantir l'existence comme espèce distincte.

---

[1] On saisira facilement la différence et l'analogie qui existent entre ces trois Colibris, en comparant à celui-ci les figures 7 et 9 de cet Ouvrage.

Le Plastron violet. Pl. 70.

Le Colibri huppé, *Trochilus paradiseus* (Linné), habite la Nouvelle-Espagne, et a été ainsi décrit par Brisson[1], d'après la figure qu'en donne Séba (tab. 61, fig. 4). Une belle huppe composée de plumes étroites et longues (quelques-unes ont jusqu'à neuf lignes), pare la tête de cet oiseau dont le plumage est généralement d'un beau rouge, à l'exception des couvertures et des pennes des ailes qui sont bleues; les intermédiaires de la queue outrepassent de beaucoup les latérales. Longueur totale, huit pouces et demi; bec, treize lignes et demie.

Le Colibri du Chili, *Trochilus galeritus*. Cet oiseau dont parle Molina dans son *Histoire naturelle du Chili* (pag. 219), a été placé dans ce genre par Gmelin. Une huppe pourpre orne la tête; le dessus du corps est vert-doré; le dessous aurore; les ailes et la queue sont brunes.

Le petit Colibri de la Guiane, *Trochilus exilis* (Gmelin). Nous devons la connoissance de cette charmante espèce à Bancroft (Humming-bird of a black colour, *Guian.* 166). C'est la plus petite de ce genre. Sa longueur est d'un pouce et demi anglais, et son poids souvent au-dessous de cinquante grains; le bec est noir, un peu courbé à son extrémité et long de six lignes; une petite huppe verte à sa base, d'un or éclatant à son sommet, fait l'ornement de la tête; un brun verdâtre à reflets d'un rouge brillant couvre le corps, et un beau noir teint les ailes et la queue.

Le Brin bleu, *Trochilus cyanurus* (Gm.), est encore un des oiseaux de Séba (1, p. 84, t. 51, fig. 17.), qu'il faut voir en nature pour juger quelle est son espèce. Sa patrie, dit-on, est l'Amérique. Cet individu seroit un des plus grands Colibris; car sa grosseur est celle du Bec-figue, et sa longueur de huit pouces trois lignes. Son bec a quinze lignes de long; le front, le tour des yeux, la gorge et le dessous du cou sont bleus; un vert-clair est répandu sur le reste de la tête et du cou, le croupion, les pennes, les couvertures des ailes et de la queue : il est foncé sur les pennes de cette dernière et le dos; un cendré gris couvre la poitrine et les parties subséquentes; la queue est étagée, les deux pennes intermédiaires, qui sont plus longues que les latérales de deux pouces quatre lignes, sont d'un très-beau bleu; bec et pieds noirs : telle est la description qu'en fait Brisson. (*Voyez* la note ci-après).

Le Colibri bleu, *Trochilus venustissimus* (Gm.). L'oiseau donné

---

[1] Comme les couleurs et les mesures indiquées par cet Auteur sont prises sur un oiseau figuré dans Séba, il faut s'en méfier.

sous cette dénomination par Brisson, est un Grimpereau bleu du Mexique de Séba (1 p. 102, t. 65, f. 3). Cependant on pourroit croire qu'il a voulu parler du gros Colibri de Dutertre (*Hist. des Antilles*, t. 2, p. 263), puisqu'il le cite dans sa Synonymie ; mais la couleur sous laquelle il le décrit ne peut convenir à ce dernier qui n'a qu'une partie du corps bleue, et au contraire le sien l'est totalement. Ce Colibri de Dutertre est celui dont parlent Buffon, Latham, Gmelin. Cet historien le dépeint ainsi. La gorge et les parties inférieures du corps jusqu'au milieu du ventre, sont d'un cramoisi velouté à reflets qui varient selon l'aspect de la lumière ; le dos est d'un bleu azuré ; les ailes sont noires. Cette description est trop succincte pour faire une juste application : cependant je présume que Dutertre n'a voulu parler que du Grenat qui se trouve très-communément dans les petites Antilles et à Cayenne : les reflets de son plumage, quand il est dans sa perfection, présentent les couleurs dont il parle. Ce n'est pas seulement sous cette dénomination que le Grenat a été désigné comme une espèce particulière, mais sous plusieurs autres dont je vais parler.

Le Colibri a gorge grenat, *Trochilus auratus* (Gm.), est donné par Latham (Gen. Synop. vol. 2, p. 752, pl. 34.) pour une espèce nouvelle, à laquelle il rapporte comme variété le Grenat de Buffon. Ce Colibri est le même que le nôtre (pl. 4) décrit par l'Ornithologiste anglais sous un aspect différent : la description de la femelle qu'il fait ensuite n'ayant pas été donnée par Audebert, je la place ici. Les parties supérieures du corps sont pareilles à celles du mâle, mais avec des reflets moins éclatans et moins variés ; le menton, la gorge et la poitrine diffèrent, en ce que la couleur grenat est remplacée par un vert-doré à reflets pourpres [1] ; le ventre, le bas-ventre, les cuisses sont d'un noir brun, ainsi que les pennes des ailes : queue et pieds noirs.

Le Colibri a gorge carmin, *Trochilus jugularis* (Gm.), figuré dans Edwards (pl. 266), est un individu de la même race, dont Buffon a fait une espèce particulière sous le nom du Colibri à gorge carmin.

Le Colibri violet, *Trochilus violaceus* (Gm.), est encore un oiseau qui a de grands rapports avec les précédens : aussi Brisson qui le premier l'a décrit et figuré, lui rapporte-t-il celui d'Edwards cité ci-dessus ; mais Buffon prétend qu'il est dans l'erreur, la taille étant, dit-il, différente. Il me semble qu'on ne doit pas tout-à-fait s'en rapporter à la longueur

---

[1] La femelle de celui dont parle Dutertre, n'a pas, dit-il, l'ornement du ventre qu'a le mâle. *Hist. des Ant. p.* 263.

d'un oiseau empaillé [1], lorsqu'il n'existe pas de dissemblance marquante
dans les autres proportions ou les couleurs. On sait que très-peu d'oiseaux
sont mesurés fraîchement tués, et que le plus ou le moins de longueur
des dimensions prises sur des peaux desséchées, ou des mannequins, dépend du caprice de celui qui les prépare. Quoi qu'il en soit, Brisson décrit
ainsi le Colibri violet. La tête, les parties supérieures du corps, la poitrine, le ventre, les côtés, les cuisses, sont d'un noir de velours changeant
en un violet très-foncé; les couvertures du dessus et du dessous de la queue,
d'un vert-doré très-brillant; la gorge, la partie inférieure, les côtés du
cou, d'un violet pourpré très-éclatant; les couvertures du dessus et du
dessous des ailes d'un très-beau vert-doré; la queue est de la même couleur, changeante en noir de velours. Longueur totale, quatre pouces et
demi; bec, noir, onze lignes et demie; pieds bruns. Toutes ces couleurs
ont des reflets variés comme celles des précédens. Cet oiseau se trouve
à Surinam et à Cayenne, où on le dit commun. Ceux de ces contrées qu'on
m'a présentés comme tels m'ont paru des Grenats, et je n'ai pu découvrir dans aucunes collections ni au Muséum celui figuré dans Buffon.

LE COLIBRI POURPRÉ A COLLIER BLEU, *Trochilus purpuratus*
(Gm.). Pennant qui a décrit cet oiseau dans ses genres (p. 63, t. 8, fig. 2),
ne dit point quel pays il habite. Latham l'a placé parmi les Colibris avec
cette description. Dessus de la tête pourpre; gorge et dos verts, un demi-
collier d'un beau bleu sur le bas du cou; les ailes d'un pourpre foncé; la
queue de la même teinte, et fourchue.

LE COLIBRI A TÊTE ORANGÉE, *Trochilus aurantius*. Gmelin.
(Pennant, gen. birds, p. 63, pl. 8, hg. 3), a la tête orangée; la gorge et
la poitrine jaunes; le dos et le ventre d'un brun foncé, les ailes pourpres,
la queue d'un ferrugineux clair.

LE COLIBRI A FRONT JAUNE, *Trochilus flavifrons* (Gm.), est
tiré du même Auteur que les précédens (p. 62, pl. 8, fig. 1). Le front est
jaune, le corps et les couvertures des ailes sont verts; les pennes et celles
de la queue noires. Telles sont les très-courtes descriptions de ces deux
oiseaux, données par Latham, d'après son compatriote, sans désignation
du pays qu'ils habitent. Est-il certain que ces oiseaux soient des Colibris?

---

[1] *Voyez* le Supplément à l'Ornithologie de Brisson. Il lui donne quatre pouces et demi; Buffon
dit qu'il a trois à quatre lignes de moins; le Grenat décrit par Audebert n'a que quatre pouces; un
autre qui est dans la collection de Vieillot, a la même longueur que celui de Brisson. Ce dernier a été
empaillé à la Martinique par un Naturaliste très-exact dans les proportions et dimensions des oiseaux.

S'il en est ainsi, ce sont les seuls, avec le Colibri du Chili, qui aient du jaune dans leur plumage.

Le **Vert perlé** [1], *Trochilus dominicus* (Linné), est un jeune de la race du Hausse-col vert de Saint-Domingue. D'après mes observations dans cette île, je regarde aussi le Plastron blanc (pl. 16 de cette Histoire) comme un jeune de la même espèce.

Le **Colibri a collier rouge**, *Trochilus leucurus* (Linné), décrit pour la première fois par Edwards (pl. 256), se trouve, dit-il, à Surinam. Il a quatre pouces et demi de longueur ; le bec long de treize lignes, noir vers sa pointe, et moins foncé vers sa base ; les pieds blanchâtres ; le dessus du corps, la gorge, la poitrine, les petites couvertures des ailes d'un vert brunâtre à reflets cuivrés et dorés ; un demi-collier rouge au bas du cou ; le ventre, les couvertures inférieures de la queue d'un blanc gris ; les ailes d'un pourpre foncé ; les pennes intermédiaires de la queue pareilles au dos ; les autres blanches, et un peu nuancées de brun à leur extrémité.

Le **Colibri topaze** (pl. 2 de cette Histoire) a deux variétés [2]. L'on distingue la première par plusieurs plumes blanches éparses çà et là, dessus et dessous le corps. J'ai vu un mâle et une femelle ainsi variés. La deuxième a la gorge d'un vert très-brillant, sans aucuns reflets de couleur topaze ; la poitrine, le ventre sont d'un beau rouge-doré, et les couvertures inférieures de la queue d'un vert à reflets dorés : généralement tout le plumage est éclatant. Le Colibri topaze, dit Sonnini, se plaît sur le bord des rivières, a le vol de l'hirondelle, se repose sur les branches sèches, et porte les deux longues plumes de la queue toujours croisées.

Gmelin a classé, parmi les Colibris, trois oiseaux, sous la dénomination de *Troch. gularis, fulvus, varius*, qui doivent être exclus de ce genre. Le premier se trouve dans l'Inde ; et, comme on sait, les Colibris n'habitent que l'Amérique. Les deux autres ayant, dit Gmelin lui-même, douze pennes à la queue, portent un caractère qui n'appartient pas à ce genre, mais à celui des Grimpereaux, dans lequel je les ai rangés, ainsi que ceux des mêmes contrées décrits par Brisson, sous les noms de Colibris et Oiseaux-mouches.

---

[1] Il me semble que Buffon ne l'a décrit que d'après Brisson. Néanmoins il dit qu'il est un des plus petits, et n'est guère plus grand que l'Oiseau-mouche huppé. Il y a erreur dans ses proportions ; car Brisson lui donne, avec raison, quatre pouces deux lignes, et l'Oiseau-mouche huppé n'a que trois pouces.

[2] *Voyez* ce que j'entends par l'application du mot *variété*, t. 2, p. 12 des Oiseaux de Paradis.

FIN DU SUPPLÉMENT AUX COLIBRIS.

JACAMARS

HISTOIRE NATURELLE

DES JACAMARS.

Par L. P. VIEILLOT.

CARACTÈRES GÉNÉRIQUES.

Linné a réuni les Jacamars avec les Martin-pêcheurs, sans doute, d'après la forme du corps et du bec qui est à-peu-près la même ; mais ils diffèrent par la disposition des doigts, leur nourriture, et leurs habitudes. Les premiers ont deux doigts en devant et deux en arrière, demeurent dans les bois même les plus fourrés, et ne vivent que d'insectes. Les derniers ont trois doigts en devant et un en arrière, ne fréquentent que les bords des rivières et des ruisseaux, et ne mangent que du poisson et du frai. Willugbhy, Klein, etc. les ont confondus avec les Pics, d'après le bec et la disposition des doigts ; mais les mandibules sont plus déliées, plus pointues, et les pennes de la queue autrement conformées : de plus, leur genre de vie est différent. Brisson, Latham et d'autres Méthodistes modernes en ont fait, avec raison, un genre particulier, qu'on peut regarder comme voisin des deux précédens. Le premier caractérise celui du Jacamar, par un bec droit, très-long, quadrangulaire et pointu ; une langue plus courte que les mandibules ; deux doigts en devant, deux en arrière. L'Ornithologiste anglais ajoute à ces caractères, les narines ovales et placées près la base du bec ; la langue pointue, les pieds couverts de plumes jusqu'aux doigts. Ce dernier caractère ne peut être généralisé ; car plusieurs ont les pieds nus.

Le Jacamar.

HISTOIRE NATURELLE
DES JACAMARS.

LE JACAMAR.

PLANCHE I.

Dessus du corps vert doré à reflets cuivreux; gorge blanche; ventre roux; dix pennes
à la queue.

Le Jacamar du Brésil. Brisson, Ornith. — Le Jacamar, Buffon, Ois. — Green
Jacamar. Latham, Synop. — *Alcedo galbula.* Linné, *Syst. nat.*

Des couleurs analogues à celles des Colibris, et la demeure de cet
oiseau au sein des bois les plus épais, sont sans doute les motifs qui ont
décidé les Créoles de Cayenne à l'appeler le *grand Colibri des bois :* mais
ses mœurs, sa nourriture, son physique ne permettent pas de le confondre avec eux. Le Jacamar ne vole point en troupe; il vit seul, et ne
se plaît que dans la solitude des forêts les plus sombres de la Guiane,
s'écarte peu du canton qu'il a adopté, préfère les endroits les plus humides, sans doute parce que les insectes dont il fait sa seule nourriture,
s'y trouvent assez abondamment pour favoriser son indolence naturelle.
La tranquillité et le repos ont tant d'attraits pour cet oiseau solitaire,
qu'il reste perché pendant la plus grande partie du jour sur une
branche d'une moyenne hauteur. De temps en temps il interrompt le
silence de ces forêts, et égaye sa solitude par un chant court et assez
agréable : c'est par ce seul ramage qu'il communique avec ceux de ses
pareils qui habitent dans son voisinage. Sa patience pour attendre les
insectes qu'attirent la fraîcheur et l'humidité de sa demeure, son vol
rapide, quoique court, et la préférence qu'il donne aux branches peu
élevées, sont des caractères qui le rapprochent des Martin-pêcheurs. On
ignore quelles couleurs, dans cette espèce, distinguent le mâle de la femelle. Sans doute que la difficulté de parvenir à leur retraite, ou peut-être
le soin qu'ils mettent à cacher leurs amours et leur nid, ont jusqu'à présent restreint nos connaissances à cette esquisse. Un beau vert doré à

reflets cuivreux couvre la tête, ses côtés, la poitrine, le dos, le croupion, les pennes secondaires, les couvertures des ailes et des pennes caudales. Ces dernières et les primaires sont d'un brun violet; le roux est répandu depuis la poitrine jusqu'aux couvertures inférieures de la queue, dont les pennes extérieures sont les plus courtes. Longueur totale, sept pouces trois quarts; bec dix-huit lignes, noir, garni à sa base de soies roides qui se dirigent en avant (ce caractère appartient à tous les Jacamars); iris bleu; pieds jaunâtres sur lesquels on remarque quelques plumes rousses; doigts pareils aux pieds; ongles bruns; queue arrondie.

Cet oiseau est commun dans les collections.

LE JACAMAR A GORGE ROUSSE.

PLANCHE II.

Dessus du corps vert doré; gorge rousse; dix pennes à la queue.

CET oiseau est regardé comme une variété du précédent. Il est vrai qu'il habite les mêmes contrées et a les mêmes mœurs; mais comme on n'a point distingué jusqu'à présent les sexes dans cette espèce, ne se pourrait-il pas que la couleur de la gorge en fût le trait distinctif? Ce ne peut être, selon moi, une variété, puisque ces oiseaux sont aussi nombreux sous l'une et l'autre couleur. Au reste le plumage de ce Jacamar, à l'exception de la gorge, ne diffère en rien de celui qui le précède : la taille, la couleur du bec et des pieds sont les mêmes.

Suivant Pison, on mange ces oiseaux au Brésil, quoique leur chair soit assez dure. M. Latham (Synop.) fait mention d'une variété du précédent dont la queue a près de trois pouces de plus de longueur, et dont le ventre est d'une teinte ferrugineuse très-claire. Seules différences qui existent entre ces deux oiseaux.

De la collection d'Audebert.

Le Jacamar à q.re r.re Pl. 2.

Le Jacamar à longue queue.

LE JACAMAR A LONGUE QUEUE.

PLANCHE III.

Brun-violet; gorge blanche; douze pennes à la queue.

Le Jacamar à longue queue. Brisson, Ornith. Buffon, Ois. — Paradise Jacamar.
Latham, Synop. — *Alcedo Paradisea.* Linné, *Syst. nat.*

ON retrouve sur la gorge de cet individu la plaque blanche qui semble
être particulière à plusieurs Jacamars. C'est tout ce qu'il a de commun
avec eux : son plumage est autrement coloré; il a deux pennes de plus
à la queue, et les deux intermédiaires sont beaucoup plus longues : son
genre de vie offre aussi un contraste frappant, quoique sa nourriture soit
la même ; il se plaît dans les lieux découverts, se perche à la cime des
arbres et aime la société de ses pareils. Aussi les voit-on presque toujours par paire. Le ramage, ou plutôt le cri de cet oiseau, est un siffle-
ment doux, répété rarement et si faible, qu'on ne l'entend que de près.
Son nid et ses œufs sont inconnus. On le trouve au Brésil, à Cayenne et
à Surinam.

Un brun-violet règne sur le dessus du corps, le menton et les joues;
se change en vert sur la tête et le croupion ; jette des reflets dorés sur
les pennes secondaires et les moyennes couvertures des ailes; présente
enfin un bleu-violet sur les pennes primaires et caudales, selon la réfrac-
tion de la lumière. Deux taches blanches sont sur les côtés du ventre.
Longueur totale, onze pouces; bec, vingt-quatre lignes, noir ainsi que
les pieds; queue étagée; les deux pennes intermédiaires ont deux pouces
de plus que les autres, même davantage dans quelques-uns.

La femelle a les couleurs plus ternes, sans reflets cuivrés, dorés et
violets; les deux pennes intermédiaires de la queue sont plus courtes.

M. Latham décrit, dans le Supplément à l'Abrégé général, une variété
qui a les plus grands rapports avec cette dernière. Sa tête est brune, et
la couleur du corps plus sombre qu'elle ne l'est ordinairement. C'est peut-
être un jeune oiseau.

De la collection de Dufrêne.

LE VENETOU.

PLANCHE IV.

Bec blanc; dessus du corps vert-doré; dessous roux; queue arrondie.

White-billed Jacamar. Latham, Suppl. to Synop.

J'ai donné à ce Jacamar, afin de le distinguer des précédens, le nom de *Venetou* que les Sauvages de la Guiane appliquent généralement à tous les oiseaux de cette famille. M. Latham qui l'a décrit le premier d'après un individu qui est dans la collection du docteur *Hunter*, pense qu'il se trouve dans l'Amérique méridionale. Celui qui a servi de modèle à la figure que nous en donnons est au Muséum d'Histoire Naturelle. Cet oiseau est d'une taille inférieure à celle des autres. Elle n'a en totalité que six pouces deux lignes. La tête est d'un vert rougeâtre; le dessous du cou est blanc; le dessus du corps, les couvertures supérieures, les pennes secondaires et caudales sont d'un beau vert doré. Une teinte brune couvre les primaires, et une verte les deux intermédiaires de la queue; les autres pennes et les couvertures inférieures sont rousses; cette couleur domine encore sur le menton, la gorge, la poitrine et le ventre; le bec a un pouce quatre lignes de longueur; les mandibules sont blanches, excepté le bout de la supérieure qui est noir.

Le Wenelou. Pl. 4.

Le Venelou f.le Pl. 5.

LE VENETOU FEMELLE.

PLANCHE V.

Dessus du corps vert; dessous roux sombre.

Le plumage plus terne de ce Jacamar me fait présumer que c'est la femelle du précédent, ou peut-être est-il dans un âge moins avancé! Lorsqu'on n'a pour guide que la dépouille d'un oiseau, on est forcé d'avoir recours à des analogies; mais quelquefois elles sont trompeuses : cependant on ne peut douter que celui-ci, d'après son ensemble, ne soit de la même espèce. Le corps, la taille, le bec sont pareils : la seule différence consiste dans les couleurs, qui, bien qu'à-peu-près les mêmes, se présentent sous un aspect moins brillant; le vert est peu doré; sur le haut de la gorge, un roux sombre remplace le blanc, et couvre toutes les parties inférieures du corps.

Du Muséum d'Histoire Naturelle.

LE JACAMMACIRI.

PLANCHE VI.

Dessus du corps d'un rouge cuivreux à reflets dorés ; bande blanche au-dessous du menton ; queue étagée.

New Jacammaciri. Pallas, Sp. 6, p. 10, not. B. — Great Jacamar. Latham. Synop. *Alcedo grandis.* Gmelin, *Syst. nat.*

D'après le motif qui m'a fait appliquer aux précédens le nom que ces oiseaux portent dans la Guiane, je signale ce Jacamar par celui de *Jacammaciri*, que les Brasiliens donnent à ces espèces. Pallas est le premier qui ait décrit cet oiseau ; mais on ignore quel pays il habite. Ce Naturaliste, Latham et Gmelin d'après lui, sont fondés à faire de ce Jacammaciri une espèce particulière ; car il est presque du double plus gros que le Jacamar proprement dit. Sa taille approche de celle du Pic-vert : ses proportions sont celles du Guêpier : son bec est carré, les côtés sont plats ; les narines sont découvertes. Un rouge cuivré à reflets dorés pare la tête, le menton, le dessus du corps, les couvertures de la queue, celles des ailes et les pennes secondaires ; les primaires sont brunes ; les pennes caudales, dont le dessous est d'un gris changeant en violet, sont vertes en dessus ; une teinte rousse couvre la gorge, la poitrine et le ventre. Longueur totale, dix pouces ; bec, vingt-deux lignes, noir ainsi que les pieds ; narines découvertes.

Un individu de cette espèce est au Muséum d'Histoire Naturelle.

FIN DES JACAMARS.

PROMEROPS.

Le Jacamaciri Pl. 6.

HISTOIRE NATURELLE

DES PROMEROPS.

Par L. P. VIEILLOT, Naturaliste-Voyageur.

HISTOIRE NATURELLE

DES PROMEROPS.

INTRODUCTION.

Ces beaux oiseaux, les uns ornés de huppes, les autres de plumes brillantes et frisées, et non moins riches que les Oiseaux de Paradis, sont répandus sur la surface du globe, mais ne se plaisent pas tous sous le même climat. Quelques Promerops aiment le ciel brûlant de l'Afrique et de l'Asie ; d'autres préfèrent les chaleurs humides de l'Amérique. La Huppe seule habite l'Europe et se trouve jusques dans ses contrées les plus septentrionales : encore n'adopte-t-elle cette partie du monde que pendant la belle saison ; car dès que les frimats, faisant périr les insectes, lui retranchent de sa nourriture, elle s'éloigne pour en chercher une plus abondante sous un ciel moins rigoureux. Néanmoins il paraîtrait que cette émigration a quelqu'autre cause ; car la Huppe abandonne aussi pendant l'hiver nos provinces méridionales, l'Italie, et même le doux climat de la Grèce. C'est seulement en Egypte que l'espèce est permanente, et là, comme en Laponie, elle porte à-peu-près le même plumage. Il n'en est pas de même d'une autre espèce qui en approche beaucoup, et qu'on rencontre dans le sein de l'Afrique et au-delà de la Ligne. Celle-ci a éprouvé quelques changemens ; sa taille est un peu plus petite, sa huppe moins haute, et ses couleurs sont autrement disposées : néanmoins on reconnaît aisément qu'elle est de la même famille. Un profond Naturaliste a conjecturé que ces différences physiques dans les oiseaux sont occasionnées par le climat ; d'autres les attribuent à la nourriture : serait-ce le résultat de ces deux causes réunies? Mais qui peut lever le voile épais dont s'enveloppe la Nature pour nous présenter la même production sous divers aspects? Les espèces américaines n'outrepassent point la Californie septentrionale [1] : du moins on ne connaît jusqu'à présent ni Huppes, ni Promerops dans les pays plus au nord du nouveau continent. Enfin, parmi ceux qui habitent l'Asie, la plus belle espèce ne se trouve que dans la Nouvelle-Guinée. Le climat n'étant pas le même, leur nourriture a dû varier, et il en est résulté des habitudes analogues. La Huppe se nourrit d'insectes terrestres, de vers, de baies et de substances végétales [2]; c'est par cette raison qu'on la voit souvent à terre dans les endroits humides, et rarement à la cime des grands arbres. Quand elle se perche, c'est à une moyenne hauteur et de préférence sur les grosses branches.

La faculté de grimper lui est attribuée par Frisch. Il me semble cependant que sa conformation l'éloigne des oiseaux grimpans. J'en ai vu un grand nombre et ne me suis pas apperçu qu'elles eussent cette habitude. Je ne partage pas l'opinion de Montbeillard, qui semble aussi lui reconnaître cette faculté, quand il dit : « Cela n'a rien que de conforme » à l'analogie, puisqu'elles font comme les Pics, leur ponte » dans des trous d'arbres ». Cela serait convaincant, si tout oiseau qui place son nid dans un trou d'arbre, était forcé de grimper pour y parvenir; mais les Huppes y arrivent, comme plusieurs autres oiseaux qui y nichent [3], soit par le secours

---

[1] « Nous tuâmes et empaillâmes un Promerops que le plus grand nombre des » Ornithologistes croyait appartenir à l'ancien continent ». (*Voyage de la Pérouse autour du Monde.*)

[2] On pourrait croire qu'elle est carnivore, parce qu'en captivité elle mange de la viande crue : mais cet aliment ne lui est pas naturel. On sait qu'on remplace ordinairement avec cette pâture, celle des oiseaux entomophages que l'on veut conserver en volière : tels que le Rossignol, le Troglodite, les Fauvettes, etc.

[3] Le Rossignol de muraille, le Troglodite américain, le Rouge-gorge bleu, l'Étourneau, etc.

d'une branche voisine, soit en s'accrochant avec les ongles à
l'ouverture du trou, ou en s'y introduisant d'emblée par un
vol soutenu et stationnaire vis-à-vis l'entrée, comme font
souvent les Etourneaux. Cette dernière manière leur est rarement nécessaire; car elles choisissent ordinairement des trous
à large ouverture, comme on en voit aux vieux pommiers,
poiriers, saules, etc.

La Huppe grise fréquente les grands bois, vit des mêmes
alimens que la précédente, et de plus, est granivore. Si le
Promerops à bec rouge grimpe le long des arbres pour y chercher sa nourriture, comme le dit un Voyageur en Afrique, il
est entomophage, les insectes étant la nourriture favorite de
tous les oiseaux grimpans; la Nature paraît leur avoir donné
cette faculté de grimper, afin de purger les arbres de ces para-
sites qui, pour la plupart, naissent, vivent et meurent, soit
sous leur écorce et dans leurs gerçures, soit dans les lichens
et mousses qui les couvrent. Parmi les autres Promerops, plusieurs n'habitent que les forêts et se perchent à la cime des
arbres. C'est à quoi se bornent les connaissances qu'on a de
ces espèces. Les Naturalistes voyageurs qui les ont vus dans
leur pays, se taisent sur leurs mœurs; ils ont négligé cette
partie si essentielle à l'histoire des oiseaux, et laissé par-là
aux nouveaux Naturalistes qui visiteront les retraites de ces
charmans volatiles, comme celles de beaucoup d'autres, un
vaste champ d'observations aussi neuves qu'intéressantes.

CARACTÈRES GÉNÉRIQUES. [1]

LE bec menu et un peu courbé en arc ; quatre doigts dénués de membranes ou environ ; trois devant, un derrière (Brisson) ; le doigt du milieu joint vers sa base avec l'extérieur (Latham) ; la langue obtuse, très-entière et très-courte (Linné , Gmelin). Ce dernier caractère appartient spécialement à la Huppe , et ne peut être appliqué à toutes les espèces de ce genre , puisque le Promerops proprement dit a la langue aussi longue que le bec : le grand Promerops ne l'a pas beaucoup plus courte. Enfin, celle de la Huppe grise est assez longue et divisée en plusieurs filets à son extrémité, selon Montbeillard. Quant à celle des autres , on n'en connaît pas la forme. Ce caractère n'étant pas commun à tous, il me semble qu'on devrait l'exclure de ceux donnés pour génériques , et n'en faire mention que dans la description individuelle, puisqu'étant généralisé il induit en erreur [2].

---

[1] Brisson a divisé les Promerops en deux genres ; le premier composé d'une seule espèce (la Huppe), ne diffère, selon lui, que par une huppe. Il paraît qu'il tenait peu à ce caractère ; car il a rangé dans le second le Promerupe (*upupa paradisea*), qui est aussi huppé. Elle en diffère encore, en ce qu'elle a moins de pennes à la queue ; elles sont au nombre de dix, et les Promerops en ont douze. Au reste, les autres Méthodistes les ont réunis.

[2] Ce n'est pas seulement dans ce genre qu'un caractère tiré de la langue d'une seule espèce a été appliqué mal-à-propos à toutes celles qu'on y a réunies. Je me bornerai à citer la famille des Pics. L'on a tiré un de ces caractères de la forme de celle du Pivert (*Picus viridis*). Elle est ainsi désignée, *longue, ronde ,* extensible et garnie à son extrémité de petites pointes recourbées, ou crochets tournés en arrière. Si on examine celle de l'Epeiche (*Picus major*), rangé dans le même genre, on voit qu'elle est plate, à rebords saillans et cornés dessus et dessous. Ces rebords se réunissent vers l'extrémité de la langue et forment une scie à dents aiguës. Cette scie convexe en dessous, plate en dessus, se termine en pointe et est la seule partie de la langue que l'oiseau darde dans le bois qu'il a percé. J'ai examiné celle de plusieurs Pics de l'Amérique septentrionale , j'y ai trouvé des différences aussi remarquables.

La Huppe. _pl. 1._

LA HUPPE.

PLANCHE I.

Huppe composée d'un double rang de plumes; dix pennes à la queue, traversées vers leur milieu d'une bande blanche.

La Huppe. Brisson, Ornith. Buffon , Ois. — *Upupa epops.* Lin. *Syst. nat.* — Hoopoe. Latham, Synop.

CETTE jolie Voyageuse, remarquable par le bouquet mobile de plumes rousses et noires qu'elle porte sur la tête, arrive en Europe au printemps; elle en visite toutes les contrées, même les plus septentrionales , excepté l'Angleterre, où du moins elle est toujours fort rare; et depuis la fin de l'été jusqu'au milieu de l'automne, selon que le pays qu'elle habite est plus ou moins au nord, elle quitte cette partie du monde pour se retirer en Afrique. « Cet oiseau , dit un savant Observateur [1], » est un des plus communs dans la Basse-Egypte. Aux Huppes qui ne » quittent pas le pays, se joignent des troupes de Voyageuses venant des » régions septentrionales. On ne rencontre guère d'espace sablonneux, » quelque petit qu'il soit, sur lequel on ne voie des Huppes piétiner et » y enfoncer leur long bec. Elles s'y rassemblent souvent en petites » troupes». En Europe, elles vivent solitaires, et rarement, hors le temps de la ponte, en apperçoit-on deux ensemble. Les jeunes même, dès qu'elles peuvent se suffire , se dispersent et s'isolent. En Egypte , le contraste est frappant ; car , dit Sonnini, « lorsqu'une d'entre elles est » séparée des autres, elle rappelle ses compagnes par un cri fort aigu, » en deux temps , *zi-zi.* Ce cri n'est plus le même lorsqu'elles sont per- » chées. Il peut assez bien s'exprimer par la syllabe *poun* , qu'elles pro- » noncent d'une voix forte et grave , presque toujours trois fois de suite.

---

[1] Sonnini, collaborateur de Buffon , ne s'est point borné à observer avec exactitude, pour peindre avec éloquence, les mœurs et les coutumes des Grecs et des Egyptiens modernes; mais il a enrichi l'Histoire naturelle de notes intéressantes sur les précieuses et utiles productions qui naissent dans leurs fertiles contrées. C'est à lui que nous devons de nouvelles lumières sur nos oiseaux voyageurs. Il nous a fait connaître la route qu'ils suivent sous d'autres climats, et leurs habitudes qui varient souvent selon les pays qu'ils parcourent. *Voyez* ses Voyages en Egypte, en Grèce et en Turquie.

» A chaque fois, elles ramènent leur long bec sur leur poitrine et elles
» relèvent vivement la tête. Quelquefois aussi elles poussent un son
» rauque et désagréable en un seul temps ». Au printemps, elles en ont
encore un autre : celui du mâle, à cette époque, s'entend de très-
loin : il paraît exprimer *bou bou bou*. Les Voyageuses sont en Egypte,
comme ici, très-grasses, ont la chair tendre et de bon goût ; mais les
sédentaires qui séjournent près des villes y passent pour un fort mauvais manger. Ce n'est pas la seule différence qui existe entre elles : leurs
habitudes offrent un contraste aussi grand. Les Voyageuses portent sous
ce climat leurs mœurs sauvages, ne recherchent que les endroits écartés,
et fuient la société des sédentaires. Au contraire, celles-ci se plaisent dans
les villes même les plus tumultueuses. C'est près de l'homme et sur sa
demeure qu'elles se sont fixées. Souvent elles choisissent une ter-
rasse pour lui confier ce qu'elles ont de plus cher. Rien n'interrompt
leurs caresses amoureuses, rien ne trouble leur innocent ménage, rien
ne les distrait des soins qu'exige leur progéniture ; car l'arme meurtrière
ne jette jamais l'épouvante parmi ces volatiles à demi-domestiques [1]. Si
elles ne doivent leur tranquillité qu'au seul dégoût qu'inspire leur chair,
c'est sans doute parce qu'on ignore leur utilité dans un pays où les oiseaux
insectivores [2] ne peuvent être trop nombreux, puisqu'ils purgent l'air
et la terre des insectes qui y fourmillent, sur-tout à l'époque où le Nil
en se retirant, dépose ce limon gras auquel l'Egypte doit sa fertilité ;
mais qui, échauffé par un soleil brûlant, favorise leur développement,
et les fait pulluler.

Vers le milieu du printemps, j'ai souvent rencontré des Huppes à
leur arrivée en France, voyageant avec les Merles à plastron, sur la lisière
des bois, le long des haies, et même sur les montagnes qu'elles ne fréquentent pas ordinairement (dans les Hautes-Vosges, on en voit seulement quelques-unes sur les collines). Hors cette époque, je les ai toujours
vues dans les plaines, sur les terreins humides, où leur nourriture favorite est en plus grande abondance.

La Huppe, comme je l'ai déjà dit, place son nid dans des trous d'arbres, mais très-rarement à plus de dix pieds de haut. Elle le construit
aussi dans des trous de muraille, même à terre dans les racines et les
trous caverneux des vieux arbres. En Lorraine, on prétend qu'elle

---

[1] Voyez le *Voyage en Egypte*, par le même.

[2] Les habitans des Etats-Unis savent apprécier ces oiseaux ; car c'est chez eux un acte inhospi-
talier que de détruire les hirondelles.

l'enduit de terre glaise et des matières les plus infectes [1]; ce qui donne
aux jeunes Huppes une exhalaison dégoûtante.

Les nids que j'ai vus étaient composés de mousses et de feuilles sèches,
mais en petite quantité. Ils ne portaient point cette odeur fétide. Cependant cela ne me paraît pas suffisant pour affirmer que tous sont pareils; car
ce que j'ai dit ci-dessus m'a été communiqué par un homme digne de foi,
qui m'a de plus assuré que la chair des Huppes est si désagréable dans
cette contrée, qu'elle est absolument rejetée par les habitans. Il n'en est
pas de même de celles qui habitent dans d'autres parties septentrionales
de la France; seulement quelques-unes ont, plus ou moins, un fumet
approchant du musc. Cet oiseau, qui devient très-gras en automne, est
recherché en Italie, dans les îles de l'Archipel [2] et dans nos provinces
méridionales. Il paraît qu'il n'est pas du goût des chats; du moins Montbeillard assure que ces animaux si friands d'oiseaux, ne touchent jamais
à ceux-ci.

La Huppe, prise jeune ou vieille, s'accoutume aisément à la captivité,
devient même très-familière, et s'accommode volontiers de divers alimens auxquels elle ne toucherait pas lorsqu'elle est libre. Elle saisit sa
nourriture du bout du bec, qu'elle relève avec rapidité, et faisant un
mouvement comme pour lancer sa proie en l'air, l'aspire et l'avale. Sa
manière de boire est aussi remarquable. Elle plonge brusquement le bec
dans l'eau et ne le retire pas de suite, lorsqu'il est plein, comme font la
plupart des oiseaux, mais pompe et avale en même temps la quantité qui
lui est nécessaire. Cette manière a quelqu'analogie avec celle des pigeons.
Comme presque tous les entomophages et vermivores, elle boit peu : c'est
pourquoi on la prend rarement dans les piéges que l'on tend près des fon-
taines et des abreuvoirs. Son vol est lent, sinueux et sautillant; elle ne se
soutient en l'air que par un mouvement d'ailes souvent répété. Sa marche
est uniforme et posée comme celle des perdrix; mais elle ne court pas
comme ces dernières lorsqu'on lui porte ombrage, elle s'arrête, fixe l'objet et s'envole. Si on en croit quelques Auteurs, elle ne vivrait que trois
ans; mais cette observation n'a été faite que sur des Huppes captives, dont
les jours ont peut-être été abrégés par l'ennui et des alimens contraires. Il
est probable qu'étant libre, sa vie est plus longue; car cette brièveté
serait extraordinaire et même unique parmi les oiseaux : cependant on

---

[1] Note manuscrite communiquée par Sonnini. C'était l'opinion des Anciens. Le fait est combattu
par Montbeillard. *Hist. des Oiseaux de Buffon.*

[2] Les deux époques de son passage dans ces îles sont à la fin de mars et au commencement d'août.
Les Grecs l'appellent *Xilopedino*, poulet de bois. *Voyage en Grèce et en Turquie, par Sonnini.*

ne peut rien statuer sur celle d'un oiseau sauvage, et sur-tout voyageur, qui échappe sans cesse au Naturaliste. Sa ponte est de quatre à sept œufs d'un gris cendré, de forme alongée et un peu plus gros que ceux du Merle.

Belon fait mention de deux races ; mais il ne fait pas connaître ce qui les distingue. Dans l'Ornithologie italienne, on assure qu'il existe une espèce de Huppe à Florence et dans les Alpes, près de la ville de Ronta, dont l'aigrette est bordée d'un bleu céleste.

La femelle est de la taille du mâle et lui ressemble : cependant on remarque que ses couleurs sont moins vives. Les jeunes diffèrent par un plus grand nombre de raies longitudinales noires et blanches sur les flancs, un plumage plus terne, une tache blanche sur le menton, et la couleur jaune-paille des coins de la bouche.

L'aigrette de cet oiseau est composée de deux rangs de plumes, égaux et parallèles entr'eux ; ces plumes diffèrent de longueur ; celles du milieu sont les plus longues, les premières et les dernières les plus courtes. Cette inégalité arrondit la huppe en demi-cercle, lorsqu'elle est épanouie ; alors les rangs laissant entr'eux un intervalle, elle prend la forme d'une couronne ovale, fermée par-devant et un peu ouverte par-derrière : l'oiseau la redresse souvent, sur-tout dans les momens de surprise, de colère ou d'amour. Etant couchée, elle est sur un plan horizontal avec le bec, et paraît un peu arquée. Les dernières plumes n'ont pas la tache noire qu'on remarque au sommet de toutes les autres ; plusieurs en ont une blanche près de celle-ci ; toutes sont rousses ; un noisette-clair domine sur le cou, la poitrine et le ventre : cette couleur devient presque grise sur la partie supérieure du dos ; l'inférieure, les couvertures des ailes sont rayées transversalement de noir et de blanc, et les secondaires, longitudinalement ; sur celles-ci, le blanc borde l'extérieur, et le noir l'intérieur ; les primaires sont noires, et ont des grandes taches blanches et transversales ; le bas-ventre, les couvertures inférieures de la queue et le croupion sont blancs ; les flancs ont des raies longitudinales noires et blanches. La queue pareille aux ailes, est traversée vers son milieu par une bande blanche qui prend, lorsqu'elle est étendue, la forme d'un croissant, dont les deux bouts sont tournés vers son extrémité et la convexité vers son origine. Longueur totale, onze pouces ; bec long de dix-neuf à vingt-huit lignes (le plus ou le moins dépend de l'âge), noir et légèrement arqué : la pointe de la mandibule supérieure dépasse un peu celle de l'inférieure ; narines ovales et peu recouvertes.

La Huppe d'Afrique

LA HUPPE D'AFRIQUE.

PLANCHE II.

Rousse ; dos et couvertures des ailes variés de larges bandes, noires, blanches et rousses ; dix pennes à la queue.

Variété de la Huppe. Buffon , Ois.

Je donne ce nom à cette Huppe , parce qu'elle appartient exclusivement à l'Afrique , qu'elle en habite la partie méridionale, Malimbe dans le royaume de Congo, et le Cap de Bonne-Espérance , et qu'elle me paraît former une race distincte de la précédente, qui n'est que passagère dans cette vaste contrée. Comme celle d'Europe , elle ne se plaît que dans les plaines, préférant sur-tout celles qui avoisinent les bosquets. Son cri, ses mœurs et sa nourriture sont les mêmes ; mais elle en diffère un peu par le physique. Sa couleur est généralement d'un roux lustré ; son aigrette est moins haute , et n'a point ces taches blanches qu'on remarque sur celle de la Huppe d'Europe. Les couleurs des ailes sont autrement disposées ; enfin , la bande blanche qui traverse les pennes de la queue est plus rapprochée de leur origine.

Cet oiseau a neuf pouces de longueur ; le bec noir et grisâtre à la base ; l'aigrette d'un beau roux foncé et frangée de noir : cette couleur rousse couvre le reste de la tête , le cou , le haut du dos , les petites couvertures des ailes , le dessous du corps , et s'éclaircit sur le ventre et les cuisses. Le roux se rencontre encore sur les couvertures inférieures de la queue qui sont terminées de blanc ; le croupion est de cette dernière couleur ; les ailes composées de dix-huit plumes , ont les huit premières entièrement noires ; les sept suivantes en partie de même, se colorent de blanc depuis leur origine jusque vers leur milieu ; mais vers les trois quarts de leur longueur, cette couleur se resserre et prend la forme d'une bande étroite : enfin, ces plumes sont terminées par une teinte roussâtre ; les trois dernières d'un brun foncé sont bordées de roux. Les pennes de la queue sont noires et traversées à environ onze lignes de leur origine , par une large tache blanche. Les pieds sont bruns.

Cet individu fait partie de la collection de Perrein de Bordeaux.

LA HUPPE GRISE.

PLANCHE III.

Aigrette autrement disposée, formée de plumes longues, effilées et décomposées; douze pennes à la queue à-peu-près d'égale longueur.

La Huppe noire et blanche du Cap de Bonne-Espérance. Buffon, Ois. — Madagascar hoope. Latham, Synop. — *Upupa capensis.* Gmelin, *Syst. nat.*

SI cet oiseau est celui dont parle Flacourt (Histoire de Madagascar), il porte dans cette île le nom de *Tivouch.* Cette espèce se trouve aussi dans l'île de Bourbon et au Cap de Bonne-Espérance, où elle fréquente les forêts, s'y nourrit d'insectes, de graines, de baies et particulièrement de celles du *pseudobuxus.* Comme les précédentes, elle est susceptible de devenir très-grasse au mois de juin et de juillet. On pourrait présumer que ces Huppes grises varient de grandeur; car Montbeillard leur donne seize pouces de long et au bec vingt lignes [1] : celle que nous avons fait figurer a neuf pouces trois quarts, et son bec quatorze à quinze lignes. Comme les deux individus qu'on voit au Muséum d'Histoire naturelle sont de cette dernière taille, n'y aurait-il point erreur dans la mesure donnée par le Collaborateur de Buffon? Car une différence de cinq pouces serait bien extraordinaire dans cette espèce d'une taille moyenne.

Cet oiseau a le bec jaune, plus court et plus pointu que celui des précédens, et l'iris d'un brun bleuâtre. Une belle huppe blanche orne le sommet de la tête, et se courbe en avant lorsque l'oiseau la redresse. Le dessous du corps est blanc, ainsi que le cou dont la partie supérieure a une teinte grisâtre; le dos, le croupion, les ailes, la queue et les cuisses sont d'un gris-brun qui s'éclaircit sur ces dernières; les pennes primaires des ailes ont une tache blanche vers leur milieu. Les pieds sont jaunes, et les ongles bruns.

Cet oiseau est au Muséum d'Histoire Naturelle.

---

[1] Cette même mesure a été répétée par Latham et Gmelin; mais peut-être n'ont-ils décrit cet oiseau que d'après Montbeillard.

La Huppe grise. pl. 3.

Le Promerops. pl. 1.

LE PROMEROPS.

PLANCHE IV. [1]

Ventre tacheté; douze pennes à la queue, d'un gris-brun, les six intermédiaires très-longues et presqu'égales.

Upupa promerops. Linné, Gmelin, *Syst. nat.* — Le Promerops. Brisson, Ornith. — Le Promerops brun à ventre tacheté. Buffon, Ois. — Cape promerops. Latham, Synop.

SELON M. Latham, ce Promerops et le Guêpier gris d'Ethiopie de Buffon (*Merops cafer* Lin.) seraient le même oiseau. Il est vrai que la très-courte description qu'en donne Linné d'après un dessin, le fait présumer. On le reconnaît encore dans le Grimpereau caffre de Gmelin (*Certhia caffra*). Cette espèce est très-commune dans les collections; ce qui annonce qu'elle n'est pas rare dans sa patrie. Néanmoins on n'est entré, jusqu'à présent, dans aucun détail sur sa nourriture, ni sur ses mœurs : on sait seulement qu'elle habite le Cap de Bonne-Espérance. Montbeillard désigne pour un mâle, l'oiseau figuré dans les planches enluminées de Buffon (n°. 637), et pour une femelle, celui décrit par Brisson.

Cet oiseau a dix-huit pouces; le bec noir, et long de dix-huit lignes; un gris roux couvre le sommet de la tête, dont les plumes sont étroites et pointues; un gris-brun règne sur l'occiput, le dos et les pennes primaires des ailes; enfin, un gris-blanc borde les secondaires; le croupion est d'un vert d'olive; le menton et la gorge sont blancs : on remarque sur leurs côtés une raie longitudinale, pareille au dos et qui s'étend jusques sur le cou; la poitrine est roussâtre et le ventre rayé longitudinalement de brun et de blanc; le jaune colore les couvertures inférieures de la queue; les six pennes latérales sont étagées; les plus longues ont huit pouces de moins que les six intermédiaires qui en ont dix à onze de longueur. Les pieds sont noirs.

De la collection de Dufrène.

---

[1] L'oiseau est figuré d'un sixième au-dessous de sa grandeur naturelle.

LE PROMEROPS OLIVATRE.

PLANCHE V.

Olivâtre; queue composée de douze pennes d'égale longueur; ailes brunes.

Cet oiseau n'a pas encore été décrit, du moins parmi les Promerops, auxquels je crois devoir l'associer d'après son caractère physique, le bec étant arqué, pointu, et le doigt extérieur joint à celui du milieu, presque jusqu'à la première articulation [1]. Cependant, si l'inégalité dans la longueur des pennes caudales était un caractère générique des Promerops, il faudrait classer autrement cet oiseau qui diffère aussi des Huppes par le nombre de ces pennes, et par des pieds plus longs. Quoiqu'il paroisse avoir de l'analogie avec les Grimpereaux, le caractère tiré des doigts ne permet pas de le confondre avec eux. Il l'éloigne de même des Guêpiers dont les pieds sont d'ailleurs plus courts.

L'individu que je décris a été apporté par un des Naturalistes qui ont fait le voyage autour du monde pour chercher Lapeyrouse : l'on m'a assuré qu'il venait d'une des îles de la mer Pacifique.

Cet oiseau, de la grosseur du précédent, a sept pouces de longueur; son bec brun a dix lignes; deux taches jaunes prenant naissance près des mandibules, passent sous les yeux, et les débordent un peu. La tête et toutes les parties supérieures du corps sont olivâtres; la même couleur couvre les inférieures, mais avec une teinte jaune qui s'affaiblit tellement sur le bas-ventre, qu'elle devient presque blanche; les pennes de la queue sont brunes et bordées de jaune olive, ainsi que celles des ailes. Les pieds sont gris.

Du Muséum d'Histoire naturelle.

---

[1] On a vu dans les caractères génériques que c'est un de ceux donnés par Latham.

Le Promerops olivâtre. Pl. 5.

Le Promerops, à bec rouge. Pl. 6.

LE PROMEROPS A BEC ROUGE.

PLANCHE VI.

Corps de couleur d'acier poli à reflets bleus, violets et d'un vert doré; ailes et queue tachetées de blanc; pieds plus courts que dans les autres.

Red billed Promerops. Latham, Synop. Suppl.

M. Latham qui, le premier, a fait connaître ce Promerops, dit qu'il a été apporté de l'Inde. C'est tout ce qu'il nous en apprend [1]. Sa longueur est d'un pied. Son bec a vingt lignes; les narines sont ovales, et placées près de sa base. Une riche couleur d'acier poli couvre la tête, la gorge et le dos; elle se change en bleu sur la première, et en violet sur la seconde. Un vert brillant pare la poitrine et le ventre, dont la partie inférieure et les cuisses offrent un gris noir changeant; les ailes dépassent à peine l'origine de la queue; ce qui fait présumer que son vol est de peu d'étendue. On remarque sur leur pli quelques petites lignes rouges. Leurs couvertures sont d'un vert doré, et leurs pennes pareilles à la tête; les six primaires ont à l'extérieur une tache blanche de forme ovale; la queue est cunéiforme et de la même couleur que les ailes. Toutes les pennes, à l'exception des quatre intermédiaires, ont une tache blanche sur chaque côté de leur tuyau, placée à un pouce environ de l'extrémité : ces taches presqu'ovales, et placées obliquement, ne sont pas tout-à-fait opposées l'une à l'autre. Les pieds longs d'un pouce, sont forts, et de la même couleur du bec; les ongles sont noirs et crochus [2].

Cet oiseau est au Muséum d'Histoire Naturelle.

---

[1] Je crois reconnaître dans cet oiseau celui dont le voyageur le Vaillant donne une courte description (tom. 2, pag. 305 et 307, premier Voyage). « Son cri, dit-il, est composé des syllabes répétées avec » précipitation, *gra*, *ga*, *ga*, *ga*. Il grimpe le long des branches pour y chercher des insectes, dont » il se nourrit, et qui se cachent sous l'écorce, qu'il détache très-adroitement ... Ils se couchent en » foule dans différens trous des gros arbres ».

[2] Cet oiseau paraît se rapprocher des Guêpiers, par ses pieds courts; mais il tient au Promerops par la jointure des doigts et sa queue étagée. C'est sans doute ce qui a décidé Latham à le ranger parmi les derniers. J'ai eu occasion d'examiner plusieurs de ces oiseaux. J'en ai vu d'une taille inférieure à celui-ci, et dont les couleurs sont plus ternes. Peut-être cette différence est-elle due à l'âge ou au sexe. Mais elle n'est pas suffisante pour que l'oiseau mérite d'être figuré.

LE PROMEROPS RAYÉ. [1]

PLANCHE VII.

Brun ; ventre rayé ; queue longue et étagée.

Le Promerops brun de la Nouvelle-Guinée. Sonnerat, Voy. — Le Promerops brun
à ventre rayé. Buffon , Ois. — *Upupa fusca.* Gmelin, *Syst. nat.* — New-Guinea
brown Promerops. Latham, Synop.

Si l'on en croit certains Ornithologistes, ce Promerops est la femelle du
suivant ; mais cette opinion n'étant fondée que sur des conjectures super-
ficielles, il me semble qu'on doit plutôt s'en rapporter à Sonnerat, l'un
de nos Voyageurs naturalistes les plus exacts dans leurs observations, qui se
l'est procuré à la Nouvelle-Guinée. On est d'autant plus fondé à croire ce
dernier , qu'il désigne les deux sexes par des couleurs différentes [2]. Celui
dont nous donnons la figure dans cet ouvrage, ne serait pas un mâle
d'après sa description. Son plumage a plus d'analogie avec celui de la
femelle : cependant il en diffère par plus de vivacité et plus de beauté
dans les teintes. Peut-être est-ce un jeune mâle. Ses mœurs et ses habitudes ne sont pas connues. Tout se borne à la connaissance du pays qu'il
habite. On le trouve à la Nouvelle-Guinée et dans l'île de *Waigiou ,*
où il fréquente les grandes forêts.

Ce Promerops a vingt pouces ; le bec long de deux et demi, est noir,
ainsi que l'iris ; la tête, le dessous du cou et la gorge sont d'un rouge-
brun, plus foncé sur les deux premiers. Un brun verdâtre couvre le
dessus du cou, le dos et les ailes ; cette couleur est plus claire sur les
pennes caudales, dont le dessous est d'un rouge clair ; les deux intermédiaires sont les plus longues, les autres vont en diminuant par paires jusqu'à la plus extérieure, qui n'a que trois pouces dix lignes. Les pennes

---

[1] La figure présente l'oiseau réduit de moitié.

[2] Le mâle, dit Sonnerat, a le sommet et les côtés de la tête d'une couleur d'acier poli, le cou
et la gorge d'un beau noir. La femelle a ces mêmes parties brunes.

Le Promerops rayé. 91.

primaires, brunes à l'intérieur, d'un carmélite sale à l'extérieur, dépassent l'origine de la queue d'environ quatre pouces. Le ventre est rayé transversalement de noir et de blanc; les plumes sont grisâtres à leur origine, noires au milieu, et blanches à l'extrémité. Les unes ont jusqu'à cinq raies alternativement de ces deux couleurs; d'autres n'en ont que trois, mais le blanc les termine toutes. Les pieds sont de couleur de chair dans cet individu. Celui décrit par Sonnerat les a noirs.

Du Muséum d'Histoire Naturelle.

LE GRAND PROMEROPS. [1]

PLANCHE VIII.

Plumes effilées, très-fines, pareilles à des soies, sur le menton et près de la mandibule inférieure ; plumes des couvertures des ailes, et scapulaires longues, à barbes
courtes d'un côté, terminées en demi-cercle dans les unes, pointues et en forme de
faucille dans les autres ; queue extrêmement longue.

Le grand Promerops de la Nouvelle-Guinée. Sonnerat, Voy. — Le grand Promerops
à paremens frisés. Buffon, Ois. — Grand Promerops. Latham, Synop. — *Upupa
magna.* Gmelin, *Syst. nat.*

LA plus rare beauté distingue ce Promerops, qui réunit à-la-fois tout
ce que les oiseaux de Paradis offrent de plus extraordinaire, les touffes
transparentes de l'*Emeraude*, la longue et riche queue du *Hausse-col*,
le velours changeant du *Superbe*, et de plus, tous les reflets des Oiseaux-
mouches : la Nature a voulu rassembler sur lui seul les richesses éparses
sur les autres. Cet admirable oiseau, le plus grand des Promerops, ne
se trouve qu'à la Nouvelle-Guinée. C'est à M. Sonnerat que nous en devons
la connaissance, mais elle se borne au physique : s'il est doué d'habitudes
aussi singulières que son plumage, on doit encore plus regretter de ne
pas les connaître.

Ce Voyageur lui donne en totalité quatre pieds de longueur; mais ceux
que j'ai mesurés n'avaient qu'environ trois pieds et demi. Le bec est noir
et long d'un pouce neuf lignes. Les plumes du dessus, des côtés de la
tête et de la gorge, sont rangées en écailles et d'une couleur d'acier
trempé, se changeant sur la dernière partie en violet; le menton est noir;
la poitrine et le ventre sont colorés d'un vert mélangé de violet; ce vert
est plus sensible sur les côtés du ventre. Deux bouquets de plumes, ornés
des couleurs les plus brillantes et les plus riches, sortent des épaules et
des couvertures des ailes. Un noir velouté couvre en entier les huit plumes
supérieures du premier [2], et les inférieures ont, de plus, leur extrémité
frangée d'un vert éclatant à reflets violets. A cette beauté, toutes joignent

---

[1] La figure représente l'oiseau réduit à la moitié de sa grandeur.

[2] Montbeillard ne donne que neuf plumes à ce faisceau ; mais les individus que j'ai vus en ont
davantage.

une forme et une coupe extraordinaire : leurs barbes sont très-courtes d'un côté, très-longues de l'autre et se terminent en demi-cercle. Le second bouquet paraît contraster par sa forme avec le premier; les plumes qui le composent sont plus longues, se courbent avec élégance et joignent à la richesse des mêmes couleurs, l'éclat du plus beau vert-doré : elles sont, de plus, remarquables par une raie d'un bleu changeant en violet qui borde les tuyaux dans toute leur longueur. Parmi ces plumes, les unes diminuent graduellement de largeur jusqu'à leur extrémité; les autres, par-tout égales, ont leur bout arrondi d'un côté, et terminé en pointe de l'autre : toutes ont les barbes disposées comme les précédentes; mais elles sont effilées, décomposées et n'ont de barbules qu'à leur extrémité. Enfin, vers l'origine de la queue naissent des plumes longues semblables aux subalaires de l'Emeraude; elles sont d'un beau noir, et s'étendent à une certaine distance sur les pennes caudales. Le dos est pareil à la tête. Les ailes sont d'un noir changeant en violet ou bleu, selon les divers aspects. Sa queue est composée de douze pennes, dont les cinq intermédiaires ont deux pieds trois à quatre pouces, et dépassent de beaucoup les autres qui sont toutes étagées; la plus courte n'a que deux pouces et demi. Toutes sont larges, et finissent en pointe; leur couleur en dessus est d'un beau noir à reflets d'acier poli, et en dessous ce noir se change en marron foncé. Les pieds sont pareils au bec.

Cet oiseau fait partie de la collection de Dufrène.

LE PROMEROPS BLEU.

PLANCHE IX.

Tête, corps, ailes et queue bleus.

Blue Promerops. Latham, Synop. Suppl.

M. LATHAM, qui, le premier, a décrit cette nouvelle espèce, dit qu'elle se trouve dans l'Inde; mais il ignore dans quelle partie. Ce Promerops, presqu'aussi gros que celui à bec rouge, a les mandibules noires, plus fortes, plus courbées que celles de la huppe, et longues de vingt-deux lignes; l'iris rouge; tout le plumage bleu, mais moins vif sur les parties inférieures : les ailes étant pliées s'étendent jusqu'au quart de la queue, qui a quatre pouces quatre lignes de longueur, et est un peu cunéiforme; les pieds sont d'une couleur de plomb pâle.

Cet oiseau a été dessiné à Londres.

Le Promerops bleu. Pl. 9.

Les Ornithologistes ont rangé parmi les Promerops plusieurs oiseaux, dont nous ne donnerons que la description, n'ayant pu, jusqu'à présent, nous les procurer en nature [1].

Le Promerupe (*upupa paradisea*, Lin.) a été décrit par Séba, et figuré dans son Ouvrage (*tom.* 1, *p.* 48, *pl.* 30, *fig.* 5.). Cet Auteur nous apprend qu'il se trouve dans les Indes orientales où il est très-rare. Il a dix-neuf pouces de longueur; le bec un peu arqué et d'une couleur de plomb; la grosseur de l'Etourneau; la huppe d'un beau noir ainsi que la gorge, le cou et la tête; le ventre d'un cendré clair; les ailes et la queue d'un rouge bai-clair: cette dernière est composée de pennes inégales, les deux intermédiaires étant plus longues de onze pouces que les latérales; les pieds sont pareils au bec.

Le Promerops a ailes bleues (*upupa mexicana*, Gmelin.). C'est au même Auteur que nous devons la connaissance de cet oiseau. (Thesau. *t.* 1, *p.* 73, *pl.* 45, *fig.* 3). Il se trouve au Mexique, habite les hautes montagnes, se nourrit de chenilles, mouches et autres insectes. Il a la grosseur d'une Grive, dix-huit pouces trois quarts de longueur, le bec un peu arqué, noirâtre et bordé de jaune; un gris obscur, changeant en vert de mer et en rouge pourpré, domine sur les parties supérieures et antérieures du corps; un bleu-clair colore les ailes; le dessus de l'œil et le ventre sont d'un jaune-clair. Les pennes caudales sont pareilles au dos, mais d'une teinte plus foncée et à reflets verts et pourpres. Elles sont d'une longueur inégale; les quatre du milieu beaucoup plus longues que les latérales, dépassent les ailes de onze pouces.

Le Promerops orangé (*upupa aurantia*. Gmelin. Séba, *tom.* 1, *p.* 102, *pl.* 66, *fig.* 3.) habite les Barbades, selon Brisson, et les Berbices, selon Montbeillard. Il a la grosseur du précédent, environ neuf pouces et demi de longueur, le bec de couleur d'or et très-pointu, la base entourée de petites plumes rouges. Tout son plumage est orangé, mais cette couleur prend différentes teintes en différens endroits; une teinte dorée sur la tête, la gorge et le cou; une teinte rougeâtre sur les pennes primaires des ailes et celles de la queue qui sont d'égale longueur; enfin, une teinte jaune sur tout le reste. Telles sont les couleurs du mâle selon Montbeillard, qui regarde le Promerops jaune de Brisson comme la femelle. Les Mexicains la nomment *cochitototl*. (Fernandez, *Nov. Hispan. pag.* 46,

---

[1] Si nos recherches sont heureuses, nous donnerons les figures de ces oiseaux.

cap. 61.) Elle a la tête, la gorge, le cou et les ailes variés de cendré et de noir, le reste du corps jaune, le bec grêle, noir, arqué, très-pointu, les pieds cendrés. Cet oiseau vit de graines, d'insectes, et habite les contrées les plus chaudes du Mexique. Son chant n'est pas agréable, et sa chair nullement recherchée.

FIN DES PROMEROPS ET DU TOME PREMIER DES OISEAUX DORÉS
OU A REFLETS MÉTALLIQUES.

TABLE

TABLE GÉNÉRALE

DES MATIÈRES.

COLIBRIS ET OISEAUX-MOUCHES.

A

ADULTE. Caractère distinctif d'un Adulte, *pag.* 78

AMÉTHISTE (l'oiseau mouche). Décrit par Buffon, comme espèce nouvelle. A de grands rapports avec le Rubis dont il paroît être une variété. Sa description, 115

ARAIGNÉE AVICULAIRE (l'). Attrape les Oiseaux-mouches et suce leur sang. Forme de son nid. Est toujours en guerre avec une espèce de Fourmi qui la tue, 12

ARLEQUIN (le colibri). Espèce nouvelle décrite par Latham. On ignore le pays qu'elle habite. Sa description. A une variété, 123

B

BARBES DES PLUMES (les). Sont composées, comme la plume, d'une tige et de barbules. Les barbes des plumes brillantes n'ont de barbules qu'à leur base ; le reste est nu, cylindrique, lisse et très-poli, 7. La forme cylindrique n'est qu'en dessus ; en dessous, elles sont creusées en gouttière. La tige dans la partie lisse est du double plus grosse, 8. Les barbes des plumes du Martin-pêcheur, n'ont de barbules qu'à leur base et à leur extrémité. Parmi les plumes brillantes, il en est qui en sont totalement munies ; telles que les plumes bleues des ailes du Geai d'Europe ; mais elles sont courtes et ne peuvent être apperçues que lorsqu'une barbe est séparée des autres. Celles des plumes vertes de certains perroquets ont leur tige séparée et laissent voir les barbules ; mais leur couleur est matte, ce qui en tempère le brillant, *ibid.* Celles des plumes du Cotinga vert n'ont point d'aspérité ni de particules saillantes, 9. Celles qui ont des couleurs métalliques sont munies de barbules dont l'aspect annonce la dureté, *ibid.* Les barbes des plumes dorées du Coucou-doré d'Afrique, ont des barbules entièrement colorées. Celles des plumes du Paon sont entièrement colorées de vert-doré, mais les barbules sont convexes. Dans le Jacamar les barbes sont plates ; les effets de la lumière font paraître leur tige tantôt saillante et tantôt enfoncée, 10. Celles des plumes du *Certhia Senegalensis*, ont des barbules très-grosses, d'inégale longueur, et fortement marquées de points enfoncés, *ibid.* Celles des plumes de la gorge du Rubis-topaze, ont la tige, vers la base de la plume, grêle, terminée en pointe, et munie dans toute sa longueur de barbules noires, longues et très-fines ; celles de l'autre partie sont colorées à leur extrémité de l'or le plus pur ; les barbes de ces plumes sont munies d'une longue tige ; les barbules de sa première moitié sont longues et semblables à des poils très-déliés ; mais la partie colorée a les barbules plus larges extrêmement denses et d'un très-beau poli, *ibid.* Elles sont profondément creusées en gouttière, et présentent à la lumière, une surface concave, semblable à celle d'un réverbère. Effets de la lumière sur ces plumes. Couleurs changeantes qui en résultent, 11. Les barbes des plumes dorées des Colibris sont profondément échancrées à leur extrémité ; le bout de la tige est dénué de barbules, ressemble à un poil délié, et se termine par un petit renflement, *ibid.* Celles des plumes du Colibri-topaze sont terminées en forme de lance, et ont une barbule qui dépasse les autres, *ibid.* Celles de la femelle ont les dernières barbules blanches, 12

BARBULES (les). Sont des parties très-fines et très-déliées qui garnissent les tiges des barbes, comme celles-ci garnissent les tiges des plumes. Celles qui ont des couleurs métalliques sont dures, larges dans toute leur longueur, et paroissent tronquées à leur extrémité. Vues au microscope, on apperçoit sur leur surface une file de points très-lumineux et enfoncés, 9. Celles des plumes du Paon sont convexes, 10. *Voyez* BARBES, PLUMES, COULEURS.

BEC DES OISEAUX-MOUCHES (le), a une forme différente de celui des Colibris, 14. En quoi il diffère, *ibid.* Il est des espèces où la différence est très-peu prononcée, 47

BRIN-BLEU (le), n'est point un Colibri, 13. Sa description, 125

BRIN-BLANC (le). Description de ce Colibri, 37. La femelle est privée de deux longues plumes à la queue. La longueur de son bec et son plumage varient, 38. Le jeune mâle diffère des adultes, *ibid.* Sa description, 59

C

CARACTÈRES GÉNÉRIQUES. En quoi ils consistent dans les Oiseaux-mouches et les Colibris. L'on en fait deux genres. Ce qui distingue l'un de l'autre. Cette distinction est difficile à saisir dans quelques espèces. 14, 47

CASSIQUES (les). Ont les plumes brillantes, 7

CHASSE. Manière de la faire aux Oiseaux-mouches et Colibris ; le sable, l'eau, le plomb gâtent leur plumage. L'explosion de la poudre suffit quelquefois pour les faire tomber. Le filet nommé toile

E

JACAMARS.

J

JACAMARS (les). Sont classés avec les Martin-pêcheurs, par Linné. En quoi ils diffèrent. Sont

PROMEROPS.

C

FIN DE LA TABLE DES MATIERES.

ERRATA.